Procreate
绘画从入门到精通

马静 〇 编著

人民邮电出版社
北京

图书在版编目（ＣＩＰ）数据

Procreate绘画从入门到精通 / 马静编著. -- 北京：
人民邮电出版社，2024.3
ISBN 978-7-115-62613-4

Ⅰ．①P… Ⅱ．①马… Ⅲ．①图像处理软件 Ⅳ．
①TP391.413

中国国家版本馆CIP数据核字(2024)第035540号

内 容 提 要

这是一本内容全面、讲解详细的 Procreate 学习手册。第 1 章是 Procreate 基础功能，介绍了界面、图库、绘图工具、涂抹工具、擦除工具、色彩、图层的相关知识，以及操作、调整、选取、变换变形 4 个常用功能，同时介绍了便捷的手势操作和基础绘图小技巧。第 2 章是 Procreate 案例操作，通过 3 个绘画教程，介绍了 Procreate 的绘画流程和常用功能。第 3～7 章分别为植物、动物、静物、交通工具与建筑、人物等插画元素的绘制案例，每个案例都给出了相应的色卡和笔刷。本书涵盖了 Procreate 的常用功能和技巧，并展示了大量案例的绘画过程，目的是让读者掌握软件的使用方法，并绘制出属于自己的作品。

本书适合想学习 Procreate 绘画的读者阅读和参考，也可以作为相关培训机构的教材。

♦ 编　著　马　静

责任编辑　赵　迟

责任印制　马振武

♦ 人民邮电出版社出版发行　　北京市丰台区成寿寺路 11 号

邮编　100164　　电子邮件　315@ptpress.com.cn

网址　https://www.ptpress.com.cn

北京九天鸿程印刷有限责任公司印刷

♦ 开本：787×1092　1/16

印张：15　　　　　　　　2024 年 3 月第 1 版

字数：429 千字　　　　　2024 年 11 月北京第 4 次印刷

定价：119.00 元

读者服务热线：(010)81055410　印装质量热线：(010)81055316
反盗版热线：(010)81055315
广告经营许可证：京东市监广登字 20170147 号

前言 | PREFACE

艺术创作需要经历漫长的过程，在学习插画绘制的道路上没有捷径，唯有坚持。

我从小就喜欢画画，看见有趣的事物就想要用画笔记录下来。正是由于这份喜爱与坚持，在报考大学时我选择了绘画相关的专业。从正式接触插画到现在已经有 15 年了，这些年我接触了国画、彩铅、水彩、油画、原画等绘画形式，在不断找寻绘画风格的道路上砥砺前行。我在尝试过多种绘画软件后，发现 Procreate 是一款非常便捷的绘画软件，它界面友好，容易上手，可以用来绘制多种风格的插画，不管是水彩效果、蜡笔效果、油画棒效果，还是国画效果，都可以轻松展现。一经尝试，Procreate 便成为我日常创作的必备"神器"，它使我突破了自己固有的绘画模式。在之后的多年创作中，我不断尝试更多的绘画技巧，在反复的摸索与试验中，找到了属于自己的风格。

平时有很多画友会问我一些关于 Procreate 基础操作的问题，久而久之，我便萌生了写一本讲解 Procreate 基础功能与绘画技巧的图书的想法，我想用自己的亲身体验去帮助想要学习 Procreate 的朋友，让他们更快、更全面地了解和掌握软件的用法，摆脱软件操作的困扰，实现创作自由。

本书的创作曾因种种因素停滞不前，在这期间，我阅读了大量相关文献，搜集了各种绘画资料，多次修改文稿，只为更好地展现 Procreate 的多元性、创造性与兼容性。本书最终能够出版，使我备感欣慰。

最后要感谢本书的责任编辑赵迟，正因为有她的信任与鼓励，我才能完成本书。希望本书能帮助每一位热爱绘画和想学习 Procreate 的朋友。

目录 | CONTENTS

第1章

Procreate 基础功能

Procreate 是一款运行在 iPad 上的绘画软件，其安装很便捷，直接在 App Store 上下载并安装即可。Procreate 自带 200 多种实用的笔刷、高级图层系统，而且具有简易的操作和专业的功能，可以为用户提供无限的创作可能。

1.1 认识 Procreate 界面

1.1.1 图库界面

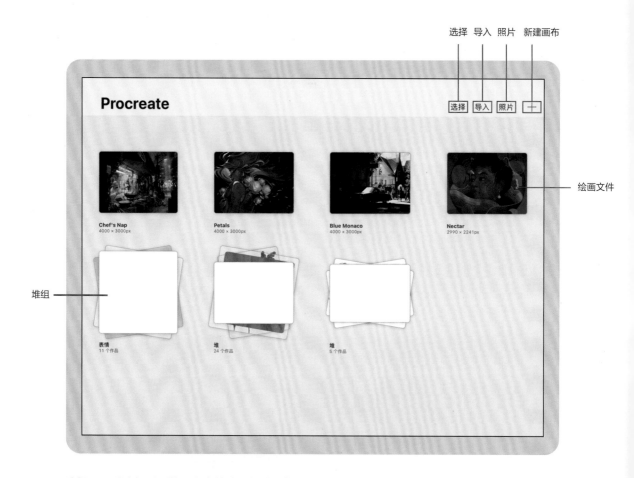

选择： 可以选择需要的画布文件或堆组进行操作。

导入： 可以直接导入 iPad 中存储的文件。

照片： 可以从照片或相簿中导入图片。

新建画布： 可以新建画布，也可以根据需要自定义画布。

绘画文件： 可以点击进入绘画界面进行修改等操作。

堆组： 可以将作品分组，便于更好地对作品进行分组管理。

1.1.2 绘画界面

图库： 点击可返回图库。

操作： 包括"添加""画布""分享""视频""偏好设置""帮助"选项。

调整： 对画面色彩进行整体调整。

选取： 对画面内容进行选择。

变换变形： 对画布内容进行各种变换调整。

绘图： 绘画工具。可以自由绘制出想要的线条与图形，有多种笔刷可以选择。

涂抹： 可以涂抹颜色或者混合两种颜色。不同的笔刷会产生不同的涂抹效果。

擦除： 擦除工具。起到修复画稿的作用。不同的笔刷可以擦出不同的肌理效果。

图层： 可以对绘画内容进行分层管理，便于后期的修改等操作。

颜色： 可以选择、调节色彩及其他与色彩相关的功能。

笔刷尺寸： 调节笔刷的大小。

修改按钮： 轻点修改按钮，可以吸取画面中任意位置的颜色，也可以将其设置为任何工具或选项的快捷方式。

笔刷不透明度： 可以调节笔刷的不透明度。

撤销 / 重做箭头： 可以取消或复原前一步操作。

1.2 图库的操作

本节将介绍如何在Procreate中新建、自定义、删除画布，如何在Procreate中保存和导入作品，以及如何调整、预览、分享和复制作品。

1.2.1 新建画布

1 预设画布

点击界面右上角的"+"按钮，打开"新建画布"面板，Procreate提供了几种预设画布，同时也可以点击面板右上角的■按钮自定义画布。画布大小会影响图层数，画布越大，可用的图层数越少。

新建画布

自定义画布

2 自定义画布

进入"自定义画布"界面后，可在"宽度"或"高度"栏中输入需要的数值，设置DPI和画布名称，点击"创建"按钮，就可以创建任意尺寸的画布。同时，点击左侧选项栏中的"颜色配置文件"选项，可以设置色彩模式（一般网络用途设置为RGB模式，印刷用途设置为CMYK模式）。点击左侧选项栏中的"缩时视频设置"选项，可以设置作画视频尺寸模式与画质。点击左侧选项栏中的"画布属性"选项，可以设置画布背景颜色，以及是否隐藏背景。

❸ 编辑或删除预设画布

如果想编辑已保存的画布，可单指向左滑动预设选项，点击"编辑"按钮后，可以调整画布大小或重命名画布；也可以直接点击"删除"按钮；还可以长按画布进行上下移动。

1.2.2 导入

❶ 导入文件或照片

① 点击"导入"按钮，选择要导入的文件，即可直接将其导入 Procreate 中。点击"照片"按钮可以进入照片界面，选择照片，即可直接将其导入 Procreate 中。

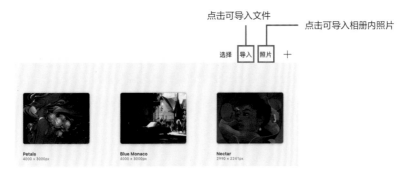

② 使用 iPad 分栏功能也可以通过拖曳将文件或照片导入 Procreate 中。

单指从屏幕下方向上滑，出现向上箭头后继续向上滑动，出现下方工具栏，按住"相簿"图标并向右上方拖动，进入分栏显示。

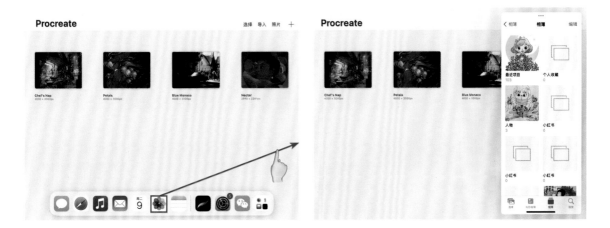

在相簿中找到要添加的图片，向 Procreate 界面拖曳图片即可将其导入 Procreate 中。

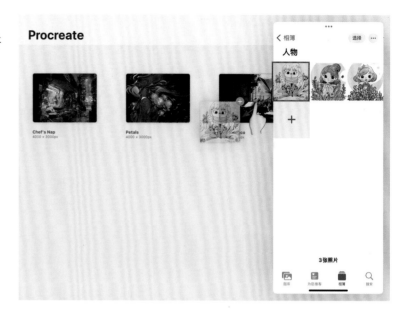

❷ Procreate 支持导入的文件类型

Procreate 格式： Procreate 原生文件格式，可以无损保留所有图层信息。在 Procreate 上绘制的作品都会以 Procreate 原生格式保存在 iPad 上。原生格式的优点是数据占用空间少，载入作品速度更快，并且能够保留图层，便于画作的修改；更容易备份与分享，同时可以保留作品数据和作画步骤视频。

JPEG 格式： JPEG 格式是一种压缩图像格式，文件小，便于分享。

PNG 格式： PNG 格式是一种无压缩格式，支持透明背景。

TIFF 格式： TIFF 是未被压缩且无损的图像格式，支持图层和透明度，文件较大。

PSD 格式： Photoshop 专用格式。可以保存图层，保留图片的不透明度，兼容性强。可以在 Photoshop 中直接打开并编辑。

1.2.3 关于作品的操作

❶ 单个作品操作

① 单指向左侧滑动作品缩览图，即可对作品进行分享、复制或删除操作。

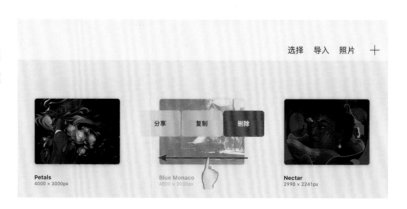

② 点击作品下方的文件名，可以重命名文件。

Blue Monaco ——点击文件名
4000 × 3000px

③ 单指按住一个作品的缩览图，可以将其移动到任何位置。

④ 双指按住图片缩览图，可以对图片进行旋转并调整图片方向，调整构图方式。

❷ 堆组的使用

在 Procreate 中可以使用"堆"将作品分组，便于更好地对作品进行分组管理。堆类似于文件夹，可以容纳多个作品文件。

（1）创建堆组

方法 1： 单指按住一个图片并拖动，使之与另外一个作品重叠，即可创建一个堆组。

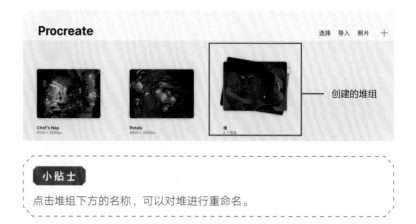

创建的堆组

方法2： 点击界面右上角的"选择"按钮，然后选择多张图片，点击上方任务栏中的"堆"按钮，即可将多张图片组成堆组。

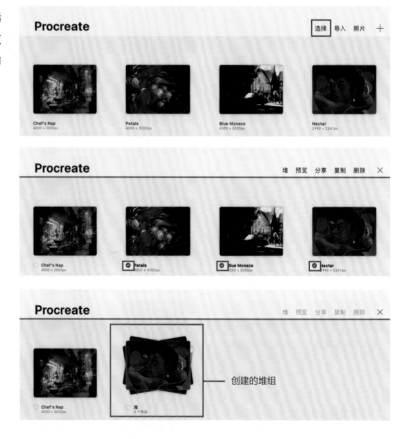

创建的堆组

（2）把图片移出堆组

进入堆组后，单指按住想移出堆组的图片，同时用手指点击界面左上方的返回按钮＜，即可把图片移出堆组。也可以点击界面右上方的"选择"按钮，勾选多个作品，用同样的方法将多个作品移出堆组。

从堆组中移出的图片

❸ 作品预览

点击界面右上角的"选择"按钮，勾选要进行预览的作品，点击"预览"按钮即可进入预览界面，并可以通过左右滑动来预览作品。双指在相应作品上向外分开可以直接进入单幅作品预览模式，双指向内捏合即可退出预览模式。

❹ 作品分享

① 点击 Procreate 界面右上角的"选择"按钮，选择要分享的单幅或多幅作品，点击"分享"按钮，打开分享界面，选择想要的形式，分享到想要分享的位置即可。

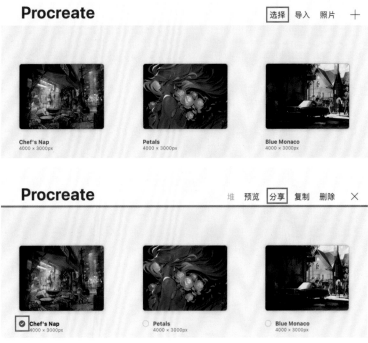

② 分享单幅作品时也可以直接在作品上单指向左滑动，出现浮动按钮，点击"分享"按钮。

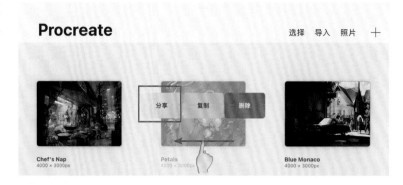

③ 分享作品时还可以利用 iPad 的分栏功能将作品拖曳到分享的文件夹中。

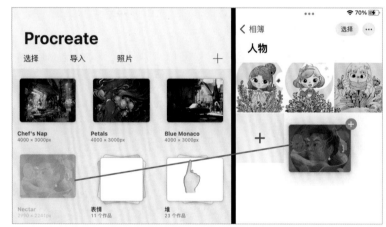

④ 导入和导出带有图层的 PSD 文件时可以直接通过"隔空投送"功能将 PSD 文件导入 Procreate 或导出到计算机中。

a. 点击"操作" 🔧 –"分享"–"PSD"，进入分享界面，点击"隔空投送"按钮，文件导出后进入隔空投送界面。

b. 点击"隔空投送"按钮，选择投送的用户，即可将文件传到相应的用户计算机中。

5 作品复制

① 点击 Procreate 界面右上角的"选择"按钮，进入复制界面，选择需要复制的单幅或者多幅作品，点击"复制"按钮，即可复制选中的作品。复制的作品可完整保留该作品图层等一切内容。

② 复制单幅作品时也可以在作品上单指向左滑动，在出现的浮动按钮中，点击"复制"按钮。

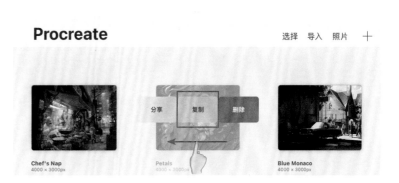

1.3 Procreate 笔刷

1.3.1 笔刷基本设置与操作

❶ 笔刷选择与调节

点击界面右上角的"绘图"按钮 ✎，打开"画笔库"面板，可以浏览画笔库并进行笔刷的选择，当前所选的笔刷显示为蓝色。选择笔刷后，即可在画布上绘画。

❷ 笔刷操作选项

单指在笔刷上从右向左滑动，会显示笔刷的相关操作选项。

分享：导出笔刷，以分享和备份。

复制：复制一款属性相同的笔刷。

删除：删除自定义笔刷，删除后不可恢复（Procreate 自带笔刷不能删除）。

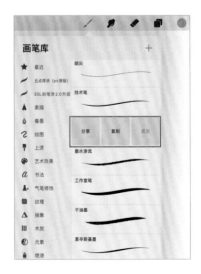

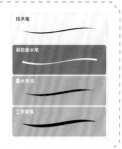

❸ 导入笔刷

导入笔刷有很多种方法，常见的有通过网盘、云盘、QQ 等导入。下面介绍通过百度网盘导入笔刷的方法。

① 先将笔刷文件夹上传至百度网盘，然后登录百度网盘，
找到笔刷文件夹。

② 打开笔刷文件夹，点击需要加载的笔刷，出现提示信息，
点击"用其他应用打开"按钮。

③ 点击"Procreate"图标，即可将笔刷导入 Procreate 中。在画笔库"已导入"笔刷组中可以看到新添
加的笔刷。

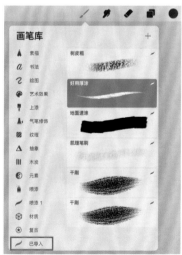

1.3.2 常用笔刷

绘制不同的对象时可以选择不同的笔刷，每款笔刷的特质都不一样。下面针对不同的用途，介绍几款好用的笔刷。

1 草稿笔刷

素描 –6B 铅笔：仿铅笔效果，粗细适中，使用灵活方便，便于绘画初期的起稿。

着墨 – 干油墨：粗细适中，线条流畅，有油墨的肌理感，可以丰富线条造型。

2 勾线笔刷

着墨 – 工作室笔：线条流畅，有粗细变化，起笔时过渡自然，线条塑造能力强。

着墨 – 葛辛斯基墨：笔画线条流畅，有粗细变化，具有一定的透明度，有暗纹，画面表现力强。

书法 – 单线：线条自带润滑功能，粗细一致，适合用来绘制简单的线条轮廓。

书法 – 画笔：笔画线条流畅，有粗细变化，笔画两端渐变效果自然，可以增强画面表现力。

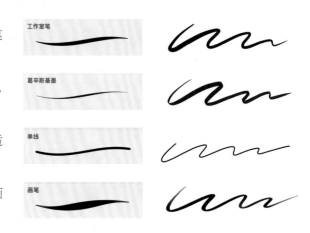

3 铺色笔刷

上漆 – 平画笔：上色面积大，有色彩变化，适用于大面积上色。

上漆 – 尼科滚动：适用于大面积上色，局部有肌理效果，可以让画面具有层次感，表现力强。

上漆 – 水彩：具有水彩上色的肌理效果，可以表现水彩效果。

4 渐变效果笔刷

喷漆 – 超细喷嘴：有喷漆的效果，且渐变效果细腻，可以制作出精致的渐变效果。

材质 – 杂色画笔：笔触效果呈喷雾状，带有细微颗粒感，绘制出的渐变效果更有质感。

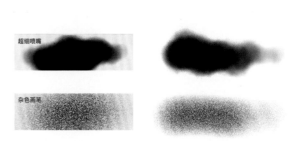

1.3.3 笔刷属性设置

点击笔刷，可以看到笔刷的属性。可以对笔刷进行自定义调整与设置，从而生成适合自己的笔刷。下面介绍一下笔刷的相关属性。

❶ 描边路径

点击相应笔刷，进入"画笔工作室"面板（这里以"工作室笔"笔刷为例）。

间距：线是由无限个点组成的，点的间距决定了线的效果。可以调节间距，形成有规律的点线。

抖动：影响笔刷偏离笔刷轨迹的幅度。数值较小时看上去较平滑，数值较大时笔触会产生起伏效果。

掉落：笔刷衰减，影响笔刷一次画线的长度，可理解为对笔刷笔迹进行截取，只保留前端的一部分。

绘图板：可以对笔刷预览效果进行调节。点击"绘图板"按钮，进入"设置"面板，可以清除绘图板或重置所有画笔设置。另外，有两种显示模式可供选择，开启"3D预览"功能则进入 3D 预览模式，该功能处于关闭状态时为平面预览模式。同时还可以调节预览尺寸与色彩。

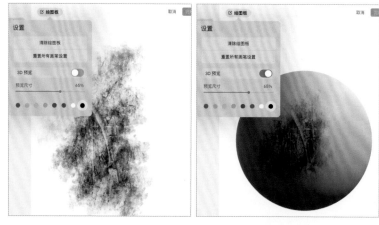

❷ 稳定性

使用 Apple Pencil 绘画时，调整右图中的设置可以精准控制笔画的稳定性。这些设置具有稳定修正功能，可以使震颤或抖动的线条变得平滑流畅。

流线–数量："数量"的值越大，笔刷绘制出的线条越顺滑、流畅。

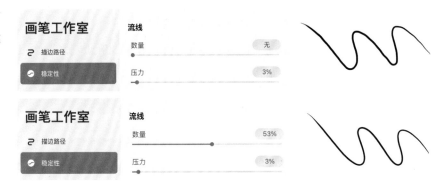

流线–压力：当使用 Apple Pencil 绘画时，在力度相同的情况下，"压力"数值越大，绘制出的线条越细，需要更大力度才能绘制出更粗的线条。

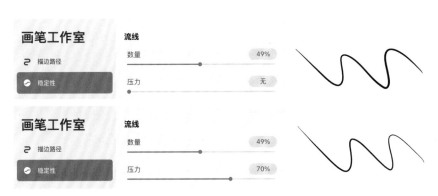

稳定性–数量："数量"数值越大，绘制出的线条越流畅、平滑。

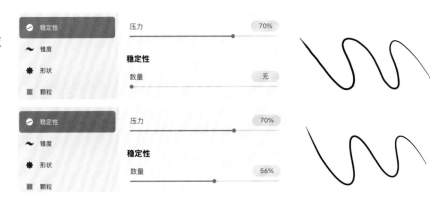

动作过滤：具有稳定修正功能。"数量"与"表现"数值越大，绘制出的线条越平滑、流畅。

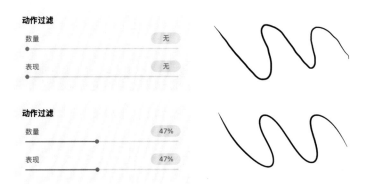

❸ 锥度

锥度是指笔画起始和结尾的收缩程度。使用 Apple Pencil 绘画时，调整相关设置可以精准控制笔画的锥度。

压力锥度： 使用 Apple Pencil 绘画时的尖端属性。

① 压力锥度滑块可以用来调节笔画头尾的锥度，左滑块代表起笔，右滑块代表收笔，滑块越靠近中间位置，收尾越早。如果打开"接合尖端尺寸"功能，则两个滑块会同时对等调节。

② "尺寸"和"尖端"是两个存在制约关系的参数，"尺寸"控制锥度由粗变细时的渐变程度，数值越大，笔画越尖；"尖端"值越小，锥度表现越明显。当"尺寸"设置到最大，"尖端"设置到最小时，笔画两端最尖。

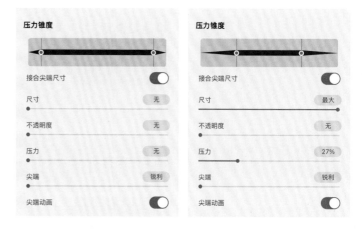

③ "不透明度"可以控制笔刷出入峰的不透明度。设置的数值越大，笔画末端越淡，直到透明。

④ "压力"决定锥度受 Apple Pencil 压感的影响程度，调节滑块可改变笔刷的压力效果。

⑤ "尖端动画"决定了描边锥度的表现效果渲染何时进行。开启该功能后，在描边过程中会实时渲染最终的锥度表现效果；该功能处于关闭状态时，锥度表现效果会在描边结束后渲染出来。

触摸锥度： 使用手指绘画时，调节右图中的设置可以精准控制笔画的锥度。调节方法与"压力锥度"相同。

锥度属性： "经典锥度"功能开启后会还原旧版本 Procreate 对锥度的渲染方法。旧版本渲染时笔画的起始锥度更细，末尾锥度更粗。

未开启"经典锥度"功能的效果

开启"经典锥度"功能的效果

4 形状

笔刷的形状是印的轮廓，会影响描绘时的图像状态。

形状来源：可通过"形状编辑器"以照片、文件、源库、粘贴4种方式导入图像源。

① 点击"形状来源"区域右上角的"编辑"按钮，进入"形状编辑器"界面，点击右上角的"导入"按钮，可以看到图像源选项。这里选择"源库"选项，准备从"源库"中导入图像源。

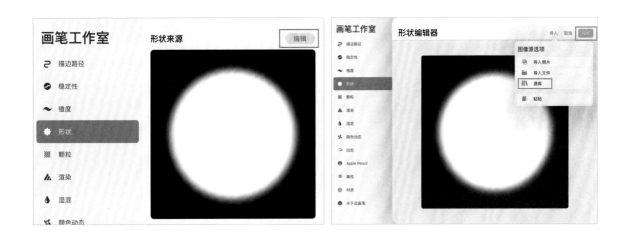

② 在"源库"中可以选择自己想要导入的形状，选择完成后点击"完成"按钮即可。

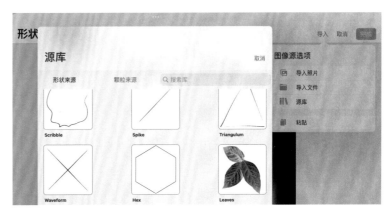

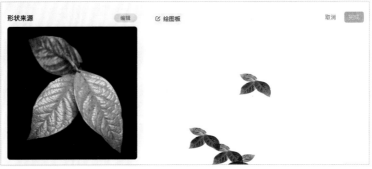

散布："散布"会影响笔刷在绘制过程中的轨迹方向。

① 以"着墨 - 映卡"笔刷为例，"散布"数值越大，笔迹越粗糙。

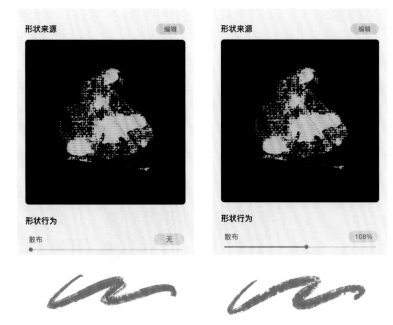

② 以图章类笔刷（导入的叶子形状）为例，在调节"散布"参数时，叶子会随机旋转，旋转方向不受笔画方向的影响。

旋转："旋转"会影响笔刷轨迹对笔刷方向变化做出的反馈。

个数： "个数"控制印的数量，让印在同一位置重复多次，这样图案笔刷的效果会更浓重。

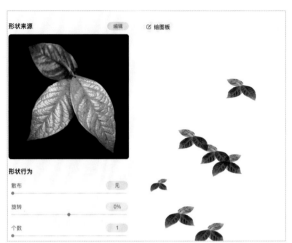

描线笔刷"个数"数值越大，笔迹空隙越少，留白越少。

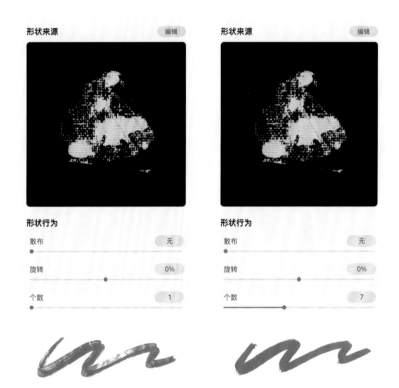

个数抖动： "个数抖动"能随机减少统一固定位置的形状数。例如，设置"个数抖动"为 6，每个位置会出现 1~5 个叶子的印。

随机化： "随机化"功能默认处于关闭状态，开启该功能后，笔刷的形状都是不同的，会随机旋转，适合模拟有真实感的笔刷。

方位： "方位"类似于书法中毛笔的表现形态。打开"方位"功能后，笔刷会具有倾斜感应功能，效果更接近手写的感觉。

垂直翻转与水平翻转： 打开相关功能后，图案会在垂直方向与水平方向上进行翻转。

压力圆度与倾斜圆度： 根据压力和倾斜度来挤压形状。也可以直接拖动笔刷圆度控制点挤压形状，蓝点代表压力，绿点代表倾斜度。

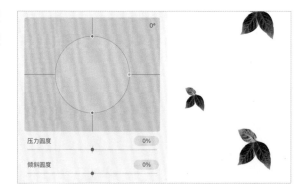

形状过滤： 调节 "反锯齿" 设置，可以控制图像引擎处理形状边缘的方式。"没有过滤" 不柔化边缘，呈现锯齿样貌，保留笔刷核心形状所有细节，形状显得粗糙。"经典过滤" 模仿 Procreate 早期版本。"改进过滤" 使用 Procreate 新版本中改进的 "反锯齿微调"，让边缘柔化处理更明显。一般默认选择 "改进过滤"。

5 颗粒

Procreate 笔刷是由笔刷形状和颗粒构成的，颗粒是印的纹理。

颗粒来源： 和 "形状来源" 相同，颗粒的纹理可以通过点击 "编辑" 按钮导入。点击 "颗粒来源" 右侧的 "编辑" 按钮即可进入 "颗粒编辑器" 界面对颗粒进行编辑。

进入 "颗粒编辑器" 界面后，点击 "自动重复" 可以通过调节 "颗粒比例" 与 "旋转" 来调节颗粒大小与角度。"边界重叠" 和 "蒙版硬度" 可以调节图片边缘，"边界重叠" 数值越大，边缘越模糊；"蒙版硬度" 越小，边缘越柔和，图片间衔接得越自然。"镜面重叠" 与 "金字塔混合" 都是隐藏边缘的缝合模式。

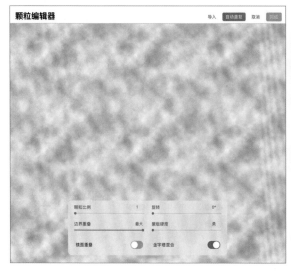

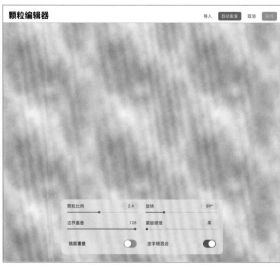

动态 - 纹理化： 颗粒分为两种模式："动态"和"纹理化"。在"纹理化"模式下不能拖动纹理或者涂抹开。在重复涂抹时，"动态"模式会将图案叠加，"纹理化"模式则不会叠加，而是在原始图案上继续铺开。

动态　　　纹理化

移动 / 滚动： 当数值最小时，就是单独图章；当数值最大时，类似于油漆桶的滚刷。

比例： 改变"比例"数值，可以调节图案大小比例。

缩放： 滑块在右侧时，颗粒不受画笔尺寸影响，会保持相同的纹理大小；滑块在左侧为"跟进尺寸"，颗粒会随笔刷尺寸缩放。此设置只有在颗粒设为"移动"时才会显示。

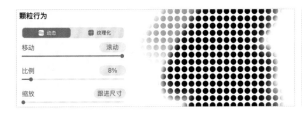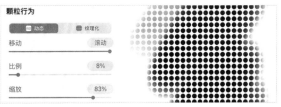

旋转： 根据画笔方向的变动，此设置会抹开颗粒图形，创造出类似移动的效果。滑块在左侧时，颗粒随笔画反方向旋转；滑块在右侧时，颗粒随画笔方向正向旋转。此设置只有在颗粒设为"移动"时才会显示。

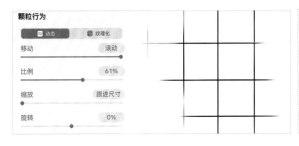

深度： 可以调节纹理的明暗程度，数值越小纹理越淡，数值越大纹理越深。

最小深度： 为纹理设置一个最小对比度，设置后不论绘画时施加的压力多大，笔刷纹理都不会低于最小对比度。此设置只有在颗粒设为"移动"时才会显示。

深度抖动： 笔画颜色随机在纹理与笔画的基底颜色之间变化。此设置只有在颗粒设为"移动"时才会显示。

偏移抖动： 在每一次画下新笔画时让颗粒偏移来创造较为自然的效果。对于以规则图案为基础的笔刷，比如网格笔刷，建议保持"偏移抖动"为关闭状态，以确保图案一致。此设置只有在颗粒设为"移动"时才会显示。

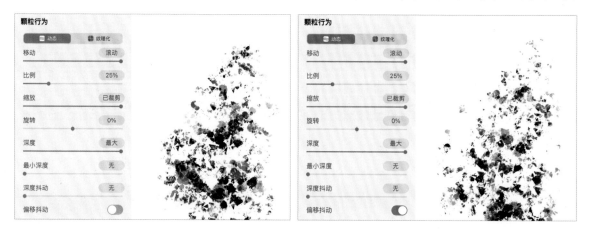

混合模式： 颗粒颜色与笔刷底色的交互模式。点击"混合模式"，可以在右侧选择不同的混合模式，笔刷会产生不同的效果。

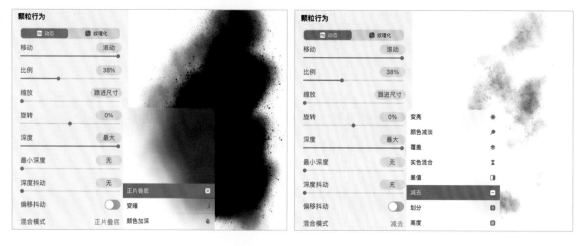

亮度 / 对比度： "亮度"可以调节颗粒明暗，"对比度"可以增加或减少光影区域的差异。

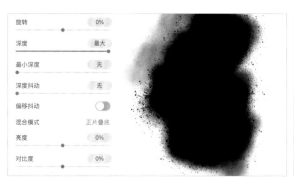 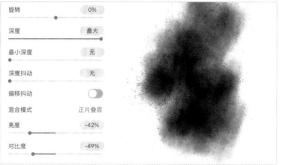

颗粒过滤： 有"没有过滤""经典过滤""改进过滤"3 种模式，一般默认选择"改进过滤"。

❻ 渲染

渲染模式： 分为"浅釉""均匀釉""浓彩釉""厚釉""均匀混合""强烈混合"6 种模式，每个笔刷渲染选项都提供了不同的设置，可以影响笔刷的整体属性和效果。

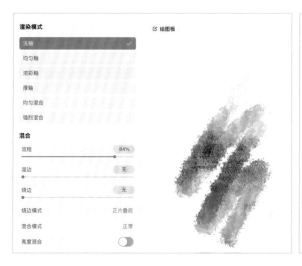 

混合： 可以选择调整笔画的互动方式、颜料稀释的模式和混合颜色的方式。

① **流程：** 调节笔刷在绘制时颜色和纹理的多少。数值越大，颜色和纹理越多。

示例笔刷：着墨 – 映卡

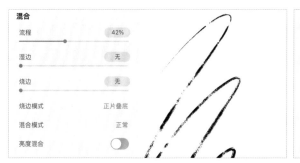 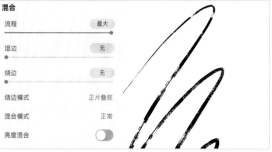

② **湿边**：将笔画边缘柔化、模糊化来仿制颜料流溢至纸上的效果。数值越大，线条越模糊、柔和。

示例笔刷：着墨－映卡

③ **烧边**：笔画边缘会有一种加深效果，两个笔画重叠的部分也会加深。配合混合模式的设置，会得到更多的效果。

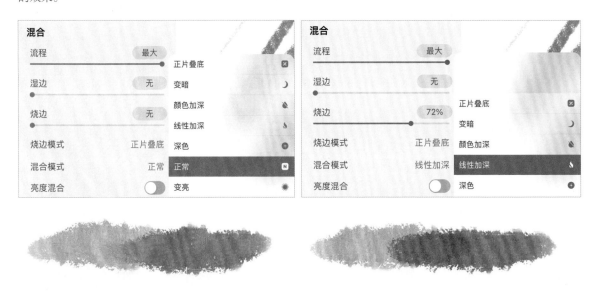

7 湿混

调整笔刷与颜色互动，以及铺色时与画布互动的方式。可以对"稀释""支付""攻击"等进行微调，制作写实的笔刷效果。

稀释：设置笔刷的颜料混合多少水分。增加"稀释"值会让颜料产生透明感，这里产生透明感的原因并不是明度降低了，而是"含水量"提升了，类似于真实颜料含水的效果。

示例笔刷：艺术效果－塔勒利亚

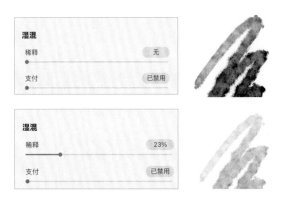

支付： 设置下笔时笔刷含有多少颜料。在画布上绘制的笔画越长，画布上的颜料就越多；当笔刷颜料快用尽时，颜色的痕迹会越来越淡。配合高"稀释"值，表现会更明显。

示例笔刷：艺术效果 – 塔勒利亚

攻击： 调节画布上颜料的多少。增大"攻击"值能让笔画颜料效果更加浓厚。

示例笔刷：艺术效果 – 火焰湾

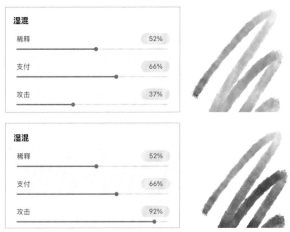

拖拉长度： 设置笔刷在画布上拖拉颜料的强度，用来创造自然混合拖拉颜色的效果。拖拉时还会进行混色，数值越大，拖拉的颜色越多。

示例笔刷：上漆 – 旧画笔

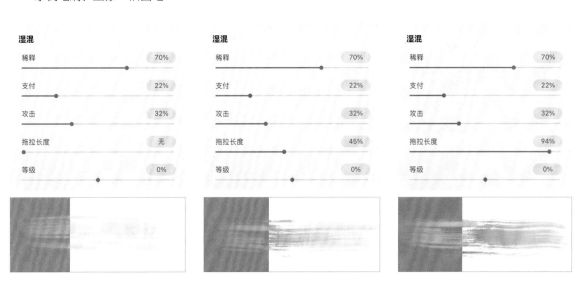

等级： 设置笔刷纹理的厚重度与对比度，只适用于带有纹理的笔刷，在有一定稀释的情况下效果会更加明显。

示例笔刷：复古 – 楔尾鹰

模糊： 调整笔刷在画布上对颜料添加的模糊程度，以及下笔后模糊效果的晕染程度。

模糊抖动： 当笔刷的每一个形状图章印在画布上时，调整套用模糊的随机范围。

湿度抖动： 将笔刷中水分与颜料的混合分量随机分配，产生更为写实的效果。

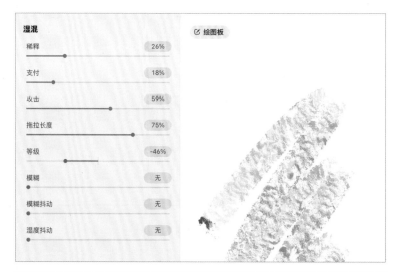

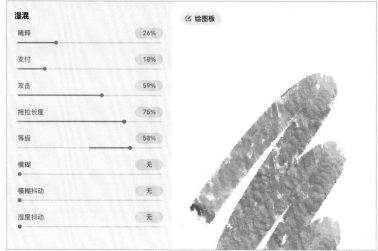

8 颜色动态

制作一个用 Apple Pencil 绘画时会依压力和倾斜度而调整颜色、饱和度或明度等属性的笔刷。"颜色动态"可以让笔刷在不同的色相、饱和度、明度间产生变化。

图章颜色抖动

图章颜色是指构成笔刷的每一个形状图章的颜色。抖动是指可以通过偏移程度来调节色彩的三大属性——色相、饱和度和明度，适用于印章类笔刷。

示例笔刷：复古 – 螺栓

① **色相**："色相"数值越大，每个图章的偏移程度越高；调到最大时，色相范围会覆盖整个色环。

② **饱和度**：数值越大，饱和度偏移程度越高，单个图章的饱和度越高。

③ **亮度 / 暗度**：当调节"亮度"和"暗度"值时，亮度和暗度会改变。

④ **辅助颜色：** 辅助颜色是色盘右上角的第二种颜色（此处为红色），第一种颜色（此处为黄色）是当前颜色。

确定好辅助颜色后，增大"辅助颜色"值，印章的颜色会处于当前颜色与辅助颜色之间。

描边颜色抖动

设置描边颜色抖动，描绘笔画时将改变笔画的色彩属性。"色相""饱和度""亮度""暗度""辅助颜色"的使用方法与图章相同。

颜色压力

使用 Apple Pencil 绘画时施加压力会决定笔刷在画布上画出哪种颜色（只适用于 Apple Pencil，不适用于指绘或其他电容笔）。

① **色相：**数值正向增大时，笔刷颜色会沿色环顺时针方向偏移；反向增大时则沿逆时针方向偏移。当数值设置为 100% 时，笔画会呈现整个色卡的渐变效果。

示例笔刷：绘图 – 菲瑟涅

② **饱和度：**通过调节压力值来改变笔画的饱和度。

③ **亮度：**通过调节压力值来改变笔画的亮度。

④ **辅助颜色：**增强下笔力度，可使颜色向辅助色偏移。

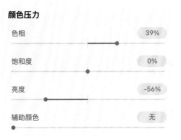

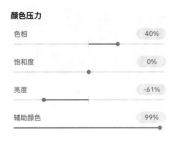

颜色倾斜

只适用于 Apple Pencil，通过改变笔尖的倾斜度来改变颜色的偏移程度。

⑨ 动态

让笔刷根据下笔的速度而产生一些动态的变化,并可以通过设置抖动来增强笔刷的不可预测性。

速度

① **尺寸:** 下笔速度会影响笔画尺寸。尺寸为 –100% 时,慢慢画会产生较细的笔画;尺寸为 +100% 时,画得越快,笔画越细;尺寸为 0% 时,笔画会保持相同的粗细。

② **不透明度:** 下笔速度会影响笔画不透明度。不透明度为 –100% 时,慢慢画会产生较透明的笔画;不透明度为 +100% 时,画得越快,笔画越透明;尺寸为 0% 时,笔画会保持相同的不透明度。

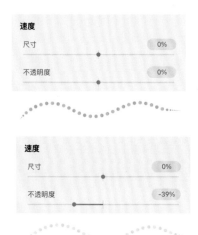

抖动

① **尺寸:** 将数值调大后,会随机减小印章的尺寸,让笔画产生大小变化的效果。

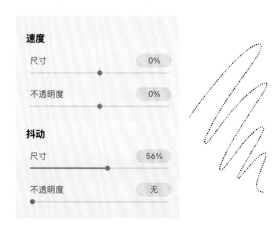

② **不透明度:** 将数值调大后,会随机降低部分印章的不透明度,让笔画产生断续效果。

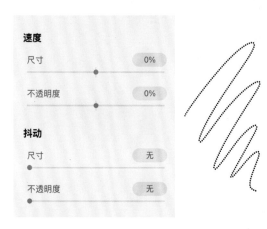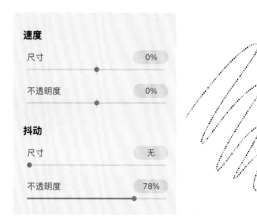

🔟 Apple Pencil

对 Apple Pencil 和笔刷的互动方式进行微调，通过设置压力和倾斜度来影响基础笔刷表现。

压力

调整 Apple Pencil 与压力互动的方式，压力会对所有与压感相关的设置产生滴漏效应。

① **尺寸：**调整笔刷在各种压力下的尺寸大小。

示例笔刷：着墨 – 工作室笔

② **不透明度：**调整笔刷在各种压力下的不透明度。

示例笔刷：书法 – 奥德翁

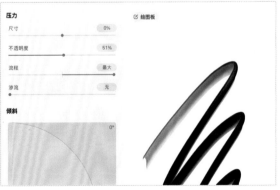

③ **流程：** 调整笔刷在各种压力下颜色的多少。

示例笔刷：书法 – 威灵顿

④ **渗流：** 调整笔刷在各种压力下颜色的浓淡效果。

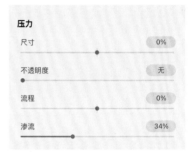

倾斜

① **倾斜图表：** 视觉上呈现出要触发"倾斜"功能所需的 Apple Pencil 最小倾斜角度，拖动蓝色节点可调节倾斜角度。

以右图为例，图中7°代表当笔刷偏离竖直方向7°时就可以触发"倾斜"功能。

② **不透明度：** 调整整体笔画不透明度受 Apple Pencil 倾斜度的影响程度。

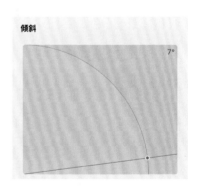

③ **渐变：** 通过数值调节笔刷倾斜描绘阴影时的柔化程度，模仿实体铅笔的效果。

④ **渗流：** 调整笔刷倾斜时边缘的渗流程度，创造更细致的效果。

⑤ **尺寸：** 调整笔刷在倾斜状态下的粗细程度。

⑥ **尺寸压缩：** 开启该功能后可以避免笔刷纹理受到倾斜影响而变动。

⓫ 属性

画笔属性

改变笔刷在画笔库中的预览图，让笔刷方向配合屏幕方向改变，或设置默认涂抹强度。

① **使用图章预览**：笔刷在画笔库中显示的状态，不影响笔刷的参数设置。

② **对准屏幕**：控制图章类笔刷的朝向，未开启该功能时，图章的朝向会一直随着画布方向改变；开启该功能后，笔刷只朝向屏幕方向，不随画布转动。

③ **预览**：调整笔刷在画笔库中的笔画或图章预览尺寸大小。

④ **涂抹**：调整笔刷作为"涂抹"工具时的涂抹强度。

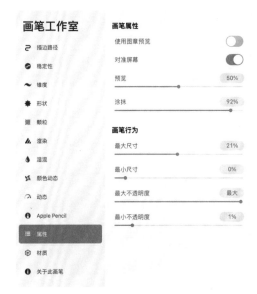

画笔行为

设置笔刷尺寸及不透明度范围。这些设置可以控制 Procreate 侧栏中尺寸和不透明度的范围。

① **最大 / 小尺寸**：设置侧栏中尺寸的范围。

② **最大 / 小不透明度**：设置侧栏中不透明度的范围。

⓬ 材质

创造专用于 3D 绘画的笔刷，通过"金属"和"粗糙度"来重现现实世界中的材质，也可以选用亚光或者带有光泽的润饰效果。Procreate 的材质笔刷有 3 个参数可以设置：颜色、金属和粗糙度。颜色取决于当前颜色，金属和粗糙度可以在"画笔工作室"面板的"3D 材料"区域进行设置。

金属

决定材质笔刷所呈现的金属感程度，以及笔刷含有的纹理颗粒的样貌。

点击"材质"-"金属"，打开设置区域。

① **数量**：设置金属感的表现程度。一般情况下世界上只有金属和非金属之分，两者之间的物质相当罕见。

② **金属来源**：与一般的笔刷颗粒类似，可以为笔刷的金属感笔画增添纹理质感。所有金属来源以灰阶图像的形式导入。点击"金属来源"右侧的"编辑"按钮，进入"金属编辑器"界面。点击"导入"按钮，可以通过"导入照片""导入文件""源库"3种方式导入素材，也可以直接复制素材后粘贴。

以"源库"为例，点击进入界面，可以选择"形状来源"和"颗粒来源"，选择需要的素材后点击"完成"按钮，即可导入颗粒素材。

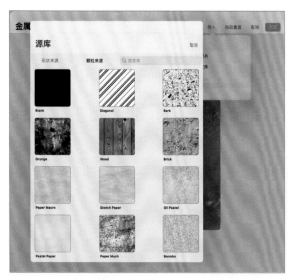

③ **比例**：选择一个金属来源后，可以通过调整"比例"来调节图像在笔画中的比例大小。

粗糙度

决定材质笔刷的笔画所呈现的光泽度与亚光效果，以及笔画中含有的纹理颗粒的样貌。

① **数量：** 可以调节粗糙感的表现程度。

② **粗糙度来源：** 与一般笔刷的颗粒行为类似，可以为笔画增添粗糙感或光泽感。"粗糙度来源"的操作方式与"金属来源"相同。

③ **比例：** 选择一个粗糙度来源后，可以通过调整"比例"来调节图像在笔画中的比例大小。

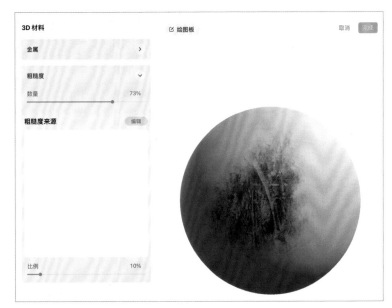

🔢 关于此画笔

可以重置笔刷的所有设置，恢复到最初的设置状态。

1.4 涂抹与擦除工具

1.4.1 涂抹工具

1 "画笔库"面板

点击界面右上角的"涂抹"按钮 ✐，打开涂抹工具的"画笔库"面板。涂抹工具与笔刷共享画笔库。可以尝试使用不同笔刷搭配涂抹工具，会产生不同的效果。界面左侧滑块可以调节笔刷大小与不透明度。

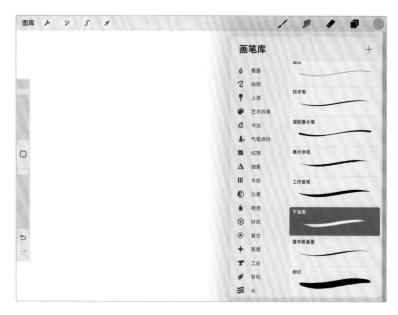

2 涂抹工具的应用

新建画布，绘制一个图形，点击"涂抹"按钮 ✐，在"画笔库"面板中选择"绘图 – 菲瑟涅"笔刷，从色块开始向右侧涂抹，以达到自己想要的涂抹效果。

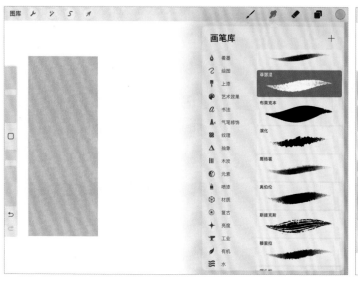
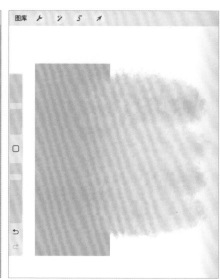

用不同笔刷搭配涂抹工具涂抹可以产生不同的效果。下面两个案例中使用的笔刷分别为"绘图 – 奥伯伦"和"纹理 – 鸽子湖"。

 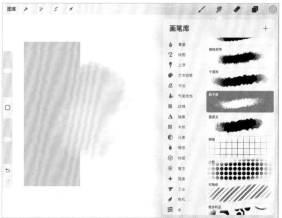

还可以反向涂抹，即将背景色涂抹到色块部分。例如，使用"元素 – 云"笔刷涂抹，如右图所示，上面为从右至左涂抹的效果，下面为从左至右涂抹的效果。

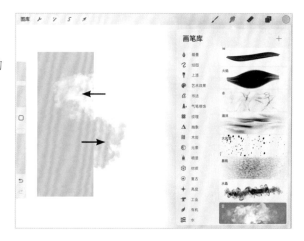

涂抹工具还可以用于双色涂抹。在画布同一图层上绘制两种颜色，选择相应笔刷进行涂抹，可以产生两种色彩混合的涂抹效果。下面的效果所用笔刷为"绘图 – 菲瑟涅"。

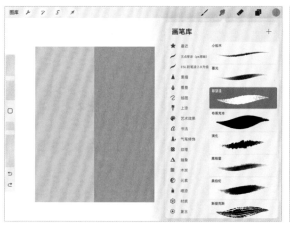 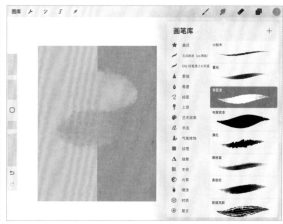

调节笔刷大小，大笔刷会产生意想不到的效果，边缘的效果与色块形状相关。下面以"喷漆 - 超细喷嘴"笔刷为例进行演示。

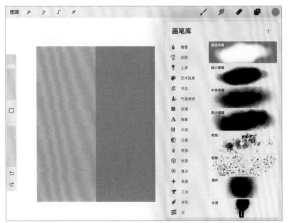 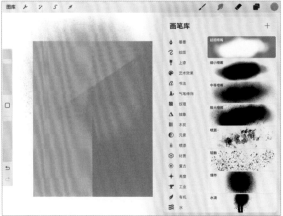

1.4.2 擦除工具

擦除工具与笔刷共享画笔库。可以尝试使用不同笔刷搭配擦除工具进行绘制，会产生不同的效果。

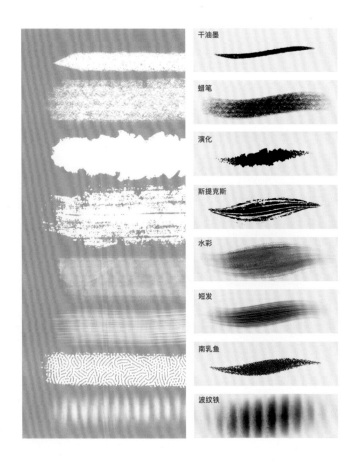

1.5 Procreate 色彩

1.5.1 "颜色"面板与颜色选择

1 "颜色"面板功能介绍

点击界面右上角的"颜色"按钮●，进入"颜色"面板，此时按钮显示的颜色即当前颜色。右图所示为"颜色"面板的相关功能介绍。

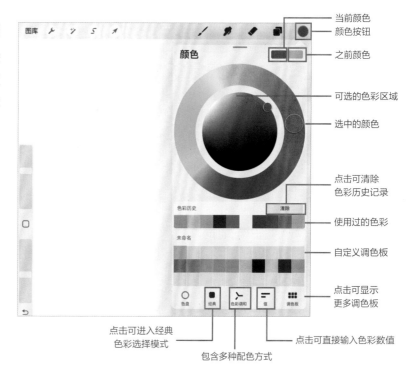

当前颜色
颜色按钮

之前颜色

可选的色彩区域

选中的颜色

点击可清除色彩历史记录

使用过的色彩

自定义调色板

点击可显示更多调色板

点击可进入经典色彩选择模式

包含多种配色方式

点击可直接输入色彩数值

2 颜色的选择方法

方法 1： 点击界面右上角的"颜色"按钮，打开"颜色"面板，在色盘上点击想要的色彩，即可选择色彩。按住界面右上角的"颜色"按钮，可以恢复到上一种颜色。

方法 2：从画布中吸取颜色。单指按住画布任何位置的颜色并停留一会儿，会调出工具拾取当前色彩，并弹出色彩选择圆环，圆环上半部分是拾取的新颜色，下半部分是之前的颜色。

方法 3：锁定拾取颜色。单指点击界面左侧的修改按钮囗，画面上会出现圆环，再用单指或触控笔点击画布任意位置，就可以锁定拾取颜色。也可以单指按住修改按钮囗，同时用另一根手指点击想要锁定的颜色，即可直接拾取画布上的色彩。

1.5.2 Procreate "颜色" 面板详解

1 色盘颜色拾取器

点击界面右上角的 "颜色" 按钮，进入 "颜色" 面板，即可看到色盘。色盘分为外围色环与内部色域，外围色环可以选择相应颜色，内部色域可以选择不同明度、纯度的色彩。

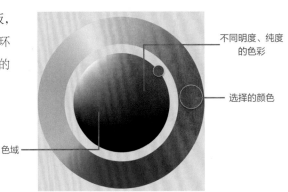

不同明度、纯度的色彩

选择的颜色

色域

双指按住色域并向外分开可以放大色域，便于操作者更加精准地选择颜色。反向操作可恢复到原来的状态。

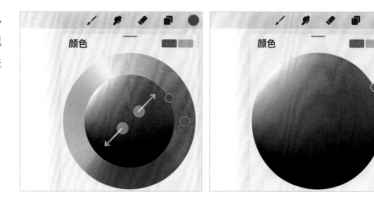

2 经典

点击界面右上角的"颜色"按钮，打开"颜色"面板，再点击面板底部的"经典"按钮，进入经典色彩选择模式。可以通过 HSB 滑块调节颜色的色相、饱和度和亮度。

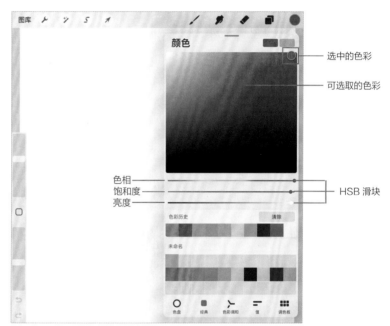

选中的色彩

可选取的色彩

色相
饱和度   HSB 滑块
亮度

3 色彩调和

点击界面右上角的"颜色"按钮，打开"颜色"面板，再点击面板底部的"色彩调和"按钮，进入色彩调和模式。

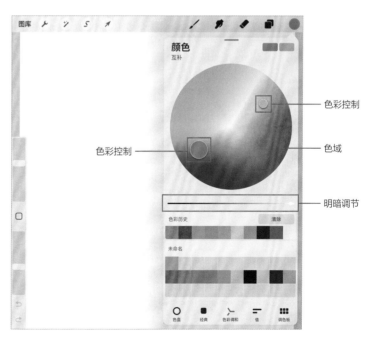

色彩控制

色域

色彩控制

明暗调节

两个色彩控制图标选中的是当下的互补颜色，点击任意一个色彩控制图标，可以选择对应的颜色并进行调节。

色域由外向内颜色饱和度逐渐降低，色彩控制图标在最外围时，颜色饱和度最高；中心饱和度最低。可以拖动色彩控制图标对颜色饱和度进行调节。

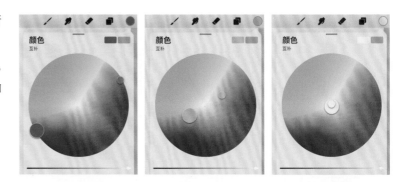

明暗调节条由左向右明度变高，可以调节颜色明暗。

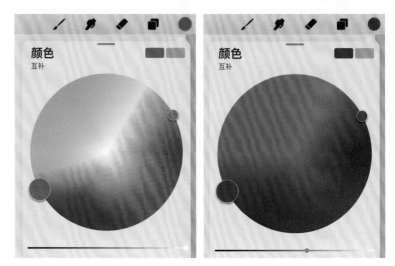

4 值

通过 HSB 模式、RGB 模式、十六进制的方式可以得到更精准的颜色值。

选择一种颜色，进入"颜色"面板，点击面板底部的"值"按钮，即可查看当前颜色的 HSB、RGB、十六进制的数值，也可以在对应数值框中直接输入想要的颜色的精准数值。

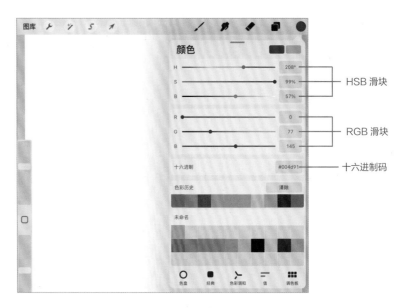

① **HSB：** 调整 HSB 滑块，可以调整色彩的色相、饱和度和明度，也可以直接输入相应数值得到精准颜色（饱和度和明度的取值范围为 0 ~ 100%）。

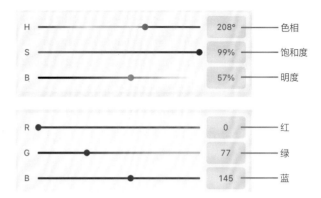

② **RGB：** 调整 RGB 滑块，可以调节 R（红）、G（绿）、B（蓝）的颜色数值，也可以直接输入相应颜色的 RGB 数值得到精准颜色。

5 调色板

调色板可以存储常用的颜色及色彩搭配，便于以后使用。

颜色的保存

未命名调色板中已有的颜色为已保存的颜色样本，灰色区域为未使用的样本。长按灰色区域可以弹出窗口，点击"设置当前颜色"，即可保存当前颜色。再次长按可以删除该颜色。

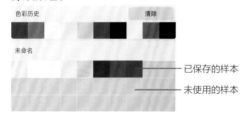

样本的调整

按住未命名调色板中的任意颜色并拖动，可以调整该颜色在调色板中的位置。长按未命名调色板中的任意颜色，可以对其进行删除或与当前颜色替换。

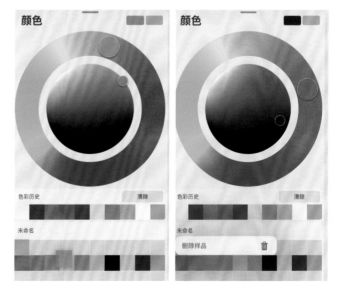

"调色板"面板

　　点击界面右上角的"颜色"按钮，进入"颜色"面板，点击面板底部的"调色板"按钮，进入"调色板"面板，可以在此保存多种配色方案。点击"未命名"可以对色板进行命名。调色板模式分为"紧凑"和"大调色板"两种。可以拖曳不同调色板，对调色板位置进行上下移动。

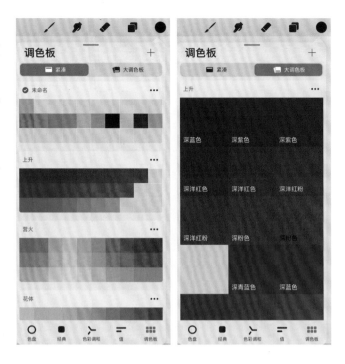

　　点击调色板右上角的"…"按钮可以把调色板设置为默认色板，默认色板显示为蓝色。也可以分享、复制、删除色板。

　　点击"调色板"面板右上角的"+"按钮可以创建新的调色板，还可以从"相机""文件""照片"中直接新建色板。

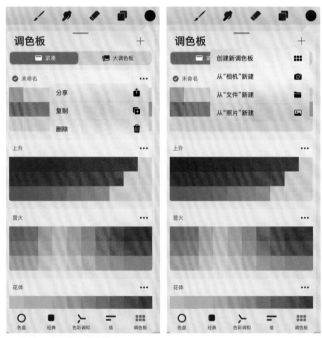

① 从"相机"中新建色板

　　打开"调色板"面板，点击"调色板"面板右上角的"+"按钮，选择"从'相机'新建"选项，进入iPad相机模式，拍摄照片，即可生成相应色板。

② 从"照片"中新建色板

进入"调色板"面板，点击"调色板"面板右上角的"+"按钮，选择"从'照片'新建"选项，进入
iPad 照片图库，选取想要其配色方案的任意图片，即可生成相应色板。

1.6 Procreate 图层

1.6.1 图层基础知识

1 新建图层

点击界面右上角的"图层"按钮 ，进入"图层"面板，点击"图层"
面板右上角的"+"按钮可以新建图层。蓝色图层为当前选中图层，可以
在该图层上进行绘画等操作。

2 选择图层

① 点击任意图层即可选择该图
层，并使其成为主要图层。

② 单指在其他图层上向右滑
动，可以选择多个图层，这些图层
均为次要图层。

❸ 建立图层组

① 单指按住任意图层并向另外一个图层上拖曳，可以直接建立图层组。可以用同样的方法将其他图层拖曳到图层组中，进行图层归类。

选中图层组后，可以对其进行整体移动、复制等操作，但不能在画面中进行绘画、涂抹、擦除、调节色彩平衡等操作。

② 也可以选择多个图层，然后直接点击"图层"面板右上角的"组"按钮，进行图层组的建立。

❹ 移动图层 / 图层组

长按选定图层或图层组，通过拖曳可以上下移动图层或图层组，以改变顺序。

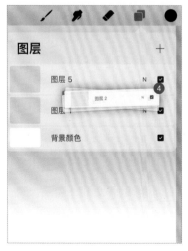

5 合并图层 / 图层组

Procreate 可以将图层合并，从而控制图层数量。

① 点击图层组，在选项菜单中点击"向下合并"，可以将图层组中的所有图层合并。点击图层，在选项菜单中点击"向下合并"，可以将该图层与其下方的图层合并。

② 双指分别按住想要选择的两个图层（可以是相邻的两个图层，也可以是不相邻的两个图层）并向中央捏合，可以直接合并两个或多个图层。

当图层数量达到上限时，可以选择合并图层，这样才能建立新图层。注意合并图层后有可能会丢失图层的混合效果。

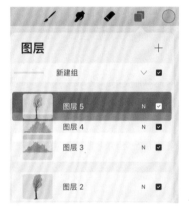

6 图层可见性

点击图层右侧的选框，可以切换图层或者图层组的可见性。当图层可见时，画布显现图层内容，并可以进行绘画等操作；当图层不可见时，画布不会显示图层内容，且不能进行任何操作。

7 调节图层不透明度

点击图层右侧的 N，打开调节功能，拖动不透明度滑块，可以调节图层的不透明度。

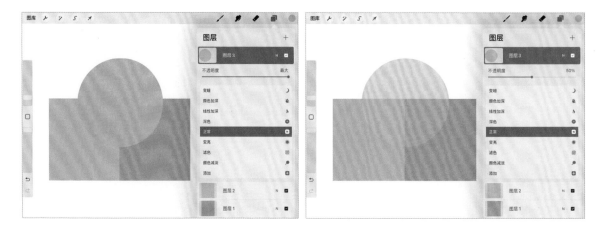

8 调节图层混合模式

点击图层右侧的 N，打开图层混合模式列表，图层默认为"正常"模式。有多种混合模式可以选择，下图（右）所示为"正片叠底"模式的效果，可以看到不同图层上的内容进行了叠加。"正片叠底"模式是最常用的混合模式。

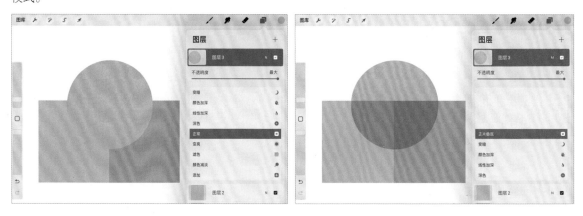

以下是其他几种常见混合模式的效果。

"线性加深"混合模式效果　　　　　　　　　　　"覆盖"混合模式效果

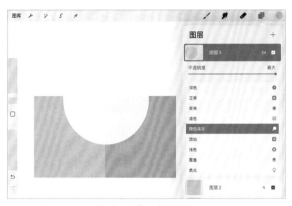

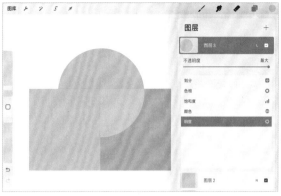

"颜色减淡"混合模式效果　　　　　　　　　　　　　"明度"混合模式效果

9 背景颜色图层

　　Procreate图层列表底部有一个默认的白色背景图层"背景颜色"。点击"背景颜色"图层会弹出背景色相环，可以任意更改背景色。

　　可以点击背景图层右侧的选框将图层隐藏，背景呈透明状态，图像背景会呈现有透明度的网格，同时可以导出保留透明度的PNG格式图片。

🔟 导出图层

利用 Procreate 分屏功能可以调出图层想保存的位置。

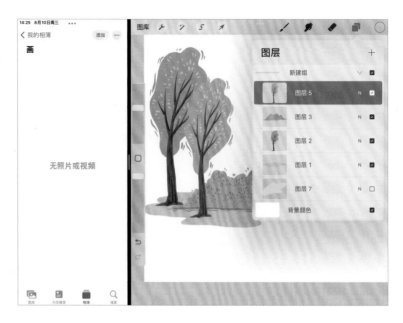

选中想保存的图层，按住该图层并将其拖动到指定位置。

这样图层就可以作为图像被添加到相应位置。

1.6.2 图层操作

打开"图层"面板，点击图层会弹出图层选项菜单。

① **重命名：** 点击该选项可以调出 iPad 键盘重命名图层，在画布上点击即可退出输入模式。

② **选择：** 点击"选择"选项，图层中的内容将转换成选区，可以对其进行自由变换、复制、绘画等操作。操作完成后，可以点击选区确认。

③ **拷贝：** 点击"拷贝"选项可以复制图层中的内容到剪贴板，然后粘贴到其他图层、其他画布或者兼容的其他应用程序中。

④ **填充图层：** 点击"填充图层"选项，整个图层或被选区域会被当前颜色覆盖。

⑤ **清除：** 点击"清除"选项，整个图层内容或者被选区域内容会被清除。

⑥ **阿尔法锁定：** 点击"阿尔法锁定"选项后，图层中的绘画内容将被锁定，只能在被锁定的区域进行修改、绘画等操作，再次点击可以解锁。

⑦ **蒙版：** 点击"蒙版"选项可以直接在主要图层上方添加图层蒙版，使用图层蒙版可以在不破坏原画面的基础上修改或隐藏绘画内容。在蒙版上向左滑动，单击"删除"按钮，即可删除蒙版。图层蒙版皆在灰度模式下编辑，使用不同色阶的灰色会影响编辑内容显现的相应透明度。

点击图层蒙版，可以对蒙版图案进行重命名、选择、填充图层、清除和反转操作。

⑧ **剪辑蒙版**：在主要图层上方新建图层，点击图层，选择"剪辑蒙版"选项，可以在主图图形范围内进行修改、绘画等操作，再次点击可以解锁。

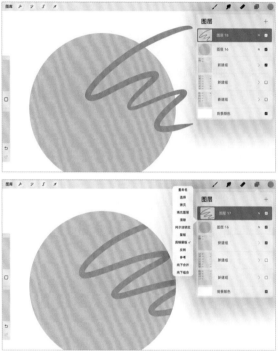

⑨ **反转**：点击"反转"选项可以反转图层中的色彩，当前颜色将被互补色取代。

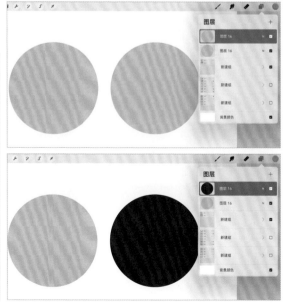

⑩ **参考：** 将一个图层上的线稿设置为参考后，其他图层将按照该图层上的线稿进行色彩填充，这样可以使线稿与色稿分开，方便修改。注意，线稿线条要闭合，如果有缝隙，颜色将溢出。

⑪ **向下合并：** 点击"向下合并"选项可以把当前图层和其下方的图层合二为一，两个图层将合并为一个图层，并且无法再分别进行编辑。

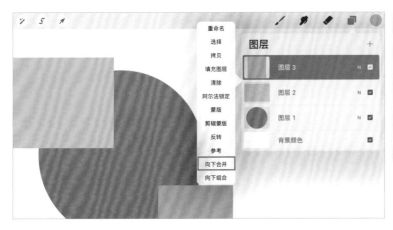

⑫ **向下组合：** 点击"向下组合"选项可以将当前图层与其下方的图层组合为一个图层组，可以对图层组进行移动、旋转、复制等操作。

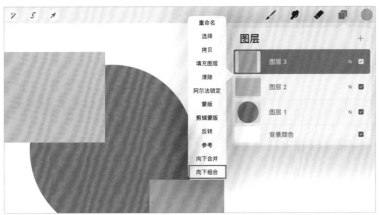

1.7 操作

"操作"面板包括"添加""画布""分享""视频""偏好设置""帮助"选项，下面分别进行介绍。

1.7.1 添加

"操作"面板中第一个功能是"添加"，点击"添加"选项后可以选择插入文件、照片，可以直接拍照，还可以添加文本，以及对图层内容进行剪切、拷贝与粘贴操作。

1 插入文件

点击"插入文件"选项后打开插入文件窗口，点击左上角的"浏览"，可以浏览想插入的文件项目。

2 插入照片

点击"插入照片"选项可以打开插入照片窗口，在"照片"或者"相簿"中点击需要添加的图片，即可将其添加到画布中。

❸ 拍照

点击"拍照"选项可以进入照片拍摄界面，拍摄照片即可添加到画布。

❹ 添加文本

点击"添加文本"选项后画布上会出现文本框，直接在键盘上输入想添加的文字即可。也可以点击键盘右上角的"Aa"，在文本设置窗口中调节文字的字体、样式、尺寸、对齐方式等。

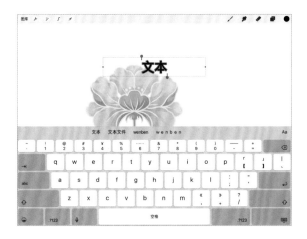 

❺ 剪切 / 拷贝 / 拷贝画布 / 粘贴

选取画布中内容的局部，可以通过剪切、拷贝、粘贴来实现局部内容的复制，也可以用同样的方法将图层内容复制到不同的画布中。

① 点击"选取" 🅢 –"矩形"，在画面中选择局部区域。

② 点击"操作" 🔧 –"添加"–"剪切"，即可将该区域内容剪切下来。

③ 隐藏原图层，新建空白图层，点击"操作" 🔧 – "添加" – "粘贴"，即可将之前剪切下来的区域内容粘贴到画布中。

④ 选择特定区域后点击"操作" 🔧 – "添加" – "拷贝"，再点击"操作" 🔧 – "添加" – "粘贴"，可以复制该区域内容。

⑤ 点击"操作" 🔧 – "添加" – "拷贝画布"，再点击"操作" 🔧 – "添加" – "粘贴"，可以直接将整个画布复制到其他图层或者其他画布中。

1.7.2 画布

在"画布"选项中，可以对画布大小、方向进行调节，可以应用透视参考线，并检查画布信息。

64

❶ 裁剪并调整大小

点击"裁剪并调整大小"选项后进入裁剪界面，调节黑色边角可以直接对画布进行裁剪，也可以点击右上角的"设置"按钮，直接设置画布的宽和高、DPI，还可以旋转画布。如果对裁剪效果不满意，还可以点击"重置"按钮回到最初状态。

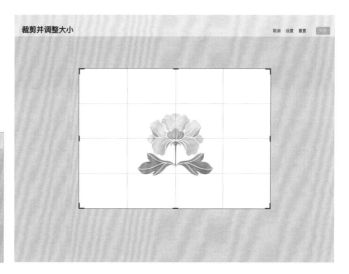

❷ 动画协助

"动画协助"功能可以制作简单的小动画。

① 点击"操作" ✦ –"画布"，打开"动画协助"功能，界面下方出现播放条，并显示动画图层。播放条右上角的"设置"按钮用于调节图层播放状态，"添加帧"按钮可以用来添加帧（可以理解为每一个拆解的状态图连贯到一起形成动态）。直接建立图层也可以自动添加帧。这里以上升的气球为例进行讲解。

② 多次复制气球图层，界面下方播放条中将自动添加帧。

③ 根据动态需要添加适当的帧数，然后依次调整气球的位置，气球以 S 形路径上升。

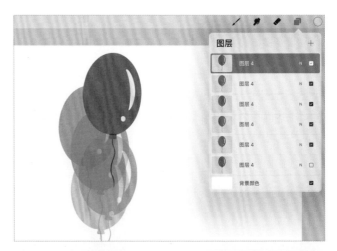

④ 点击"播放"即可展示气球的上升动态。"设置"按钮可以用来调节播放模式，"循环"为单向循环模式，动态一直发生；"来回"是指动态向上再返回，循环播放；"单次"是指一次单向播放，不循环播放。"帧 / 秒"可以调节每个动态的停留时间；"洋葱皮层数"可以设置动态的图层数量，一般设置为"最大"；"洋葱皮不透明度"的作用是为了更好地看到图层的顺序，便于找到当前播放的动态图层。

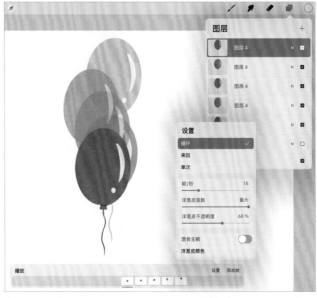

⑤ "洋葱皮颜色"是除去当前播放图层外其他图层状态的色彩展示，方便观察整个播放过程，可以通过色环来调节。

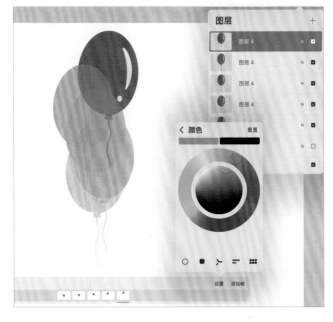

⑥ 导出动画。点击"操作" 🔧 –"分享"–"动画"，即可进入保存界面。保存的文件格式有 GIF、PNG、MP4、HEVC。在保存界面还可以调节"帧/秒"、背景透明度等，一般选择"最大分辨率"，"支持网络"的分辨率较小，导出的动画文件较小。

❸ 页面辅助

分图层编辑

点击"操作" 🔧 –"画布"，打开"页面辅助"功能，可以在下方的"页面辅助"栏中直接选择页面进行编辑，其他图层页面将不显示。点击"新页面"按钮可以直接添加新的空白图层并编辑。

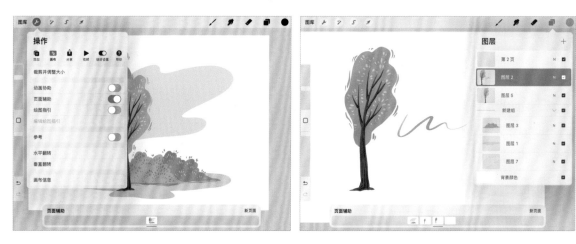

> **小贴士**
>
> 对于组，直接点击屏幕就会出现图层选择对话框，可以选择图层进行绘制。

编辑 PDF 文件

使用"页面辅助"功能还可以直接导入 PDF 文件，对 PDF 文件进行注释或者修改，并导出 PDF 文件。

① 在主界面点击"导入"按钮，选择需要导入的 PDF 文件，即可导入文件，文件直接进入页面辅助界面，PDF 文件的每一页都会显示出来并可以进行选择。

② 选择需要备注与修改的页面，即可添加内容或对图片进行修改。点击"操作" 🔧 –"分享"–"PDF"，即可导出 PDF 文件。

4 绘图指引 / 编辑绘图指引

这是辅助绘画的工具，可以进行对称绘制、透视参考等，非常实用。点击"操作" 🔧 –"画布"，打开"绘图指引"功能，然后点击下方的"编辑绘图指引"选项，即可进入编辑界面。可以在顶部色彩条上拖动滑块，选择参考线的颜色；还可以在底部选项栏中调节指引线的不透明度和粗细度。拖动参考线中间的蓝点可以移动参考线，拖动参考线顶端的绿点可以旋转参考线。"绘图指引"有"2D 网格""等大""透视""对称"4 种模式。

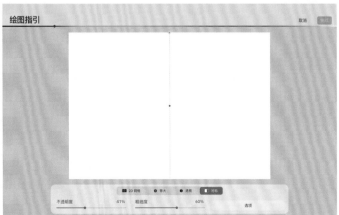

2D 网格

点击"2D 网格"选项后，会出现由多条横向、纵向的直线均匀交叉形成的网格，在设置了辅助功能的图层上绘制的任何线条都将是直线，且线条保持水平或者竖直。

① "网格尺寸"可以调节网格大小。也可以点击数值框，直接输入准确的数值。

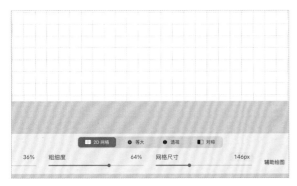

② 在绘制等距或者竖直线条的时候参考线非常有用，线条将自动调整为竖直或水平的直线。在设置了辅助功能后，画布上无法画出有角度的斜线，需关闭辅助功能才能画出。

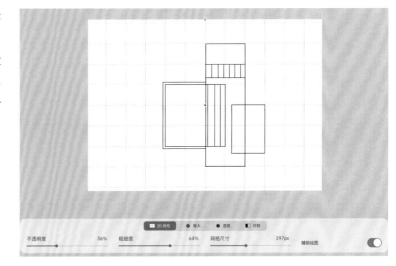

等大

网格是由多条等距竖线与等距斜线组成的三角网格，绘制的线条自动以参考线为准，无法画出水平线。便于绘制立体造型，绘制建筑时非常方便。

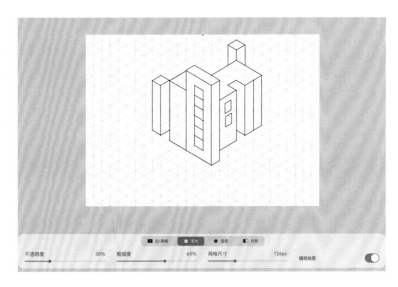

透视

通过添加消失点来创建透视参考线。点击画布上任意位置，添加新的消失点，可以将点拖动到任意位置，最多可以创建三个消失点。

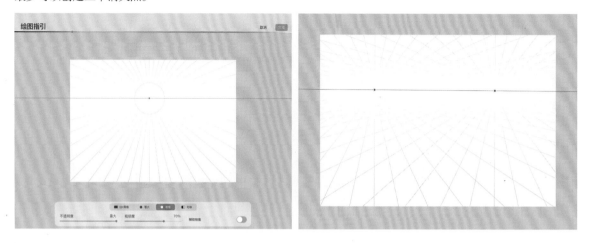

① 单点透视也被称为平行透视，是最简单的透视形式，所画的内容均平行于画布的地平线。竖线是互相平行的，水平线平行于地平线。

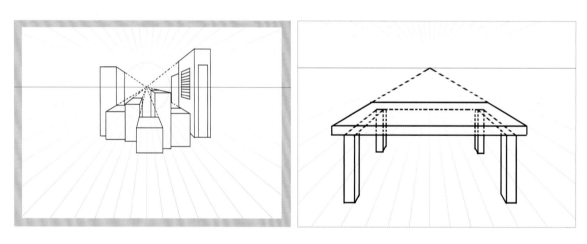

② 两点透视也被称为成角透视。当人眼沿对角线方向观察物体，或以一定角度观察物体时可以使用两点透视，如仰视或者俯视等。

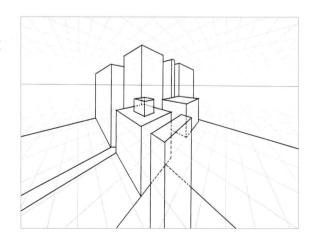

③ 三点透视可以创建一个真实的三维绘图空间，两个消失点位于地平线上，第三个消失点高于或者低于地平线。点击某个消失点，会弹出删除选项，可以消除消失点。

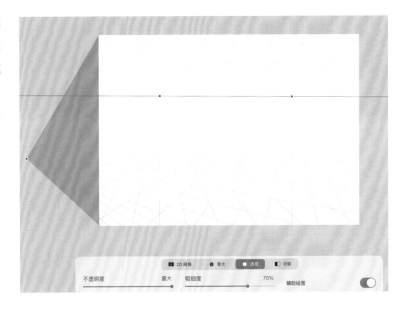

对称

① 在打开"绘图指引"功能后，一定要先点击图层开启"绘画辅助"功能，之后才能进行指引绘画。

② 点击"对称"–"选项"，有"垂直""水平""四象限""径向"4 种模式可供选择。

垂直：参考线为竖直对称轴，在对称轴一侧绘制时另外一侧会对称画出图形，得到左右对称的图形。

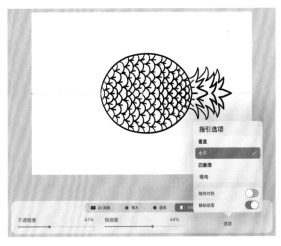

水平：参考线为水平对称轴，在对称轴上方或下方绘制时，另外一侧同时会绘制对称图形，得到上下对称的图形。

四象限：参考线为十字对称线，画面会被分割成 4 个区域，在其中一个区域绘制，另外三个区域都会根据中心点对称绘制出相同图形，在十字线上绘制时则参考"垂直"和"水平"的参考线进行对称绘制。

径向：在十字对称线的基础上添加 45°对角线，将画面分成 8 个区域，在 8 个区域进行图形重复。

③ 轴向对称：打开该功能后，绘制的图案方向统一，不再根据中心点进行对称，会形成螺旋形图案纹样。

5 参考

"参考"可以方便绘画者在绘画时参考画面整体、局部或者其他参考图片。点击"操作"—"画布"—"参考"，会弹出"参考"窗口，默认显示画布内容，可以按住顶部灰色条进行移动，也可以调整"参考"窗口内图像的位置或者大小。点击右上角的"×"按钮可以直接关闭"参考"窗口。

点击"图像"选项后，可以从相册内导入参考图，便于绘画时进行参考。

⑥ 水平翻转 / 垂直翻转

可以利用翻转功能来检查作品的比例或调节画面。选择"水平翻转"或"垂直翻转"选项，画布将进行水平或者垂直翻转。

⑦ 画布信息

点击"画布信息"选项后，可以查看画布的各种详细信息，包括尺寸、图层、颜色配置文件、视频设置与统计。可以点击"关于此作品"选项，编辑作品名称，添加制作者署名，不必返回主界面就可以重命名作品。

1.7.3 分享

在 Procreate 中可以通过隔空投送、云打印机或其他形式分享自己的作品。

可以分享不同格式的图片，也可以分享动画。

1.7.4 视频

在"视频"选项中，可以通过"缩时视频回放"功能在画布上展现绘画过程视频。当"录制缩时视频"功能打开后，Procreate 将自动记录整个绘制过程，并可以通过"导出缩时视频"功能把绘画过程视频导出。导出时可以选择"全长"或者"30 秒"。

1.7.5 偏好设置

"偏好设置"可以对 Procreate 进行设置，使其更符合自己的操作习惯。

1 浅色界面

暗色界面可以让画面更加清晰，使绘画者能专注于作品；浅色界面适用于光亮环境。

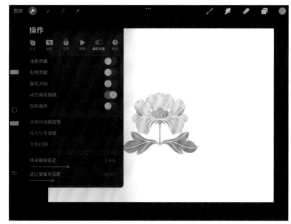 

2 右侧界面

当"右侧界面"功能打开后，调节笔刷大小的滑块及轨道会调整到界面右侧，可以根据个人习惯进行选择。

3 画笔光标

打开"画笔光标"功能，可以看到笔刷在画布上对应的标记。

4 投射画布

通过 AirPlay 或者线缆可以连接到第二台显示屏，投射画布。

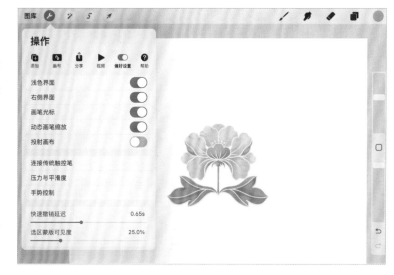

5 连接传统触控笔

可以用来连接除 Apple Pencil 外的触控笔。如果使用的是 Apple Pencil，则无须连接，可以立即使用。

6 压力与平滑度

可以根据自己的喜好调节笔刷的压力与平滑度。

❼ 手势控制

可以设置自己习惯的手势操控。1.12节会专门介绍手势操作。

❽ 快速撤销延迟

调节滑块可以控制撤销和重做的延迟响应时间。

❾ 选区蒙版可见度

可以调整选区蒙版的可见性强度。

1.7.6 帮助

"帮助"可以使绘画者了解产品购买方式、高级设置、Procreate 功能使用介绍等。在"Procreate 使用手册"中有关于 Procreate 各个功能的介绍,读者可以自行查找与学习。

1.8 调整

可以通过调节复杂色彩，应用"渐变映射"功能，或者使用模糊效果，以及"锐化""杂色""克隆"等功能调节图像，还可以添加泛光、故障艺术、半色调和色像差等特效。

1.8.1 色相、饱和度、亮度

可以调整任何图层的色相、饱和度和亮度，以达到想要的效果。

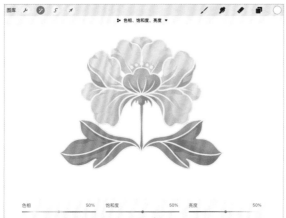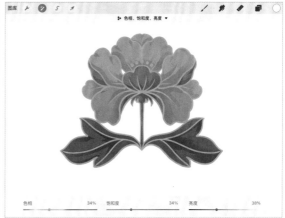

1.8.2 颜色平衡

"颜色平衡"可以调整图像的色彩倾向。

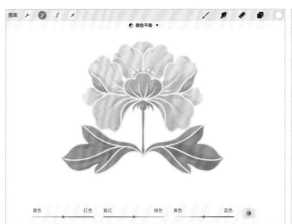

1.8.3 曲线

"曲线"是强大的调整工具，图层色调值表示为网格上的直线，在网格右侧区域移动曲线上的控制点可以调整图层的高光，移动中间区域曲线上的控制点可以调整中间调，移动左侧区域曲线上的控制点可以调整图层的暗部区域。

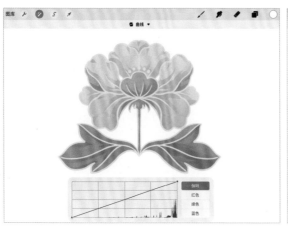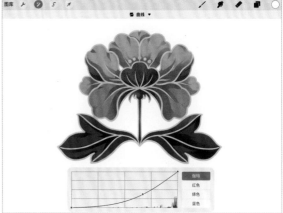

1.8.4 渐变映射

"渐变映射"有多种模式可以选择，还可以通过顶部的滑动条调节模式的程度。

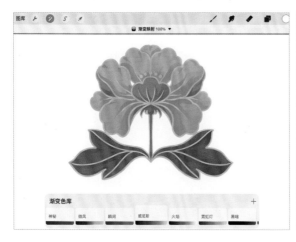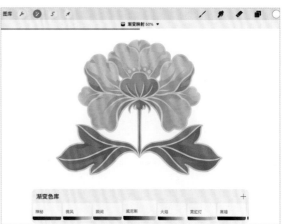

1.8.5 模糊

包含"高斯模糊""动态模糊""透视模糊"3种模糊方式。下面对3种模糊方式的效果进行展示。

❶ 高斯模糊

可以用来模糊画面，创造景深效果等。顶部滑动条可以调节高斯模糊的程度。

❷ 动态模糊

可以表现相机快速平移快门的效果，增强作品的速度感。向右滑动顶部的滑动条，动态模糊效果逐渐增强。

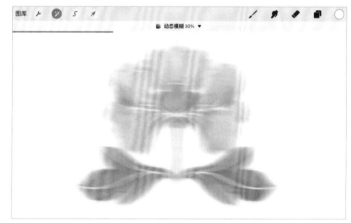

❸ 透视模糊

可以产生从一个点出发向外发散的模糊效果。点的位置可以随意拖动，也可以点击"方向"按钮，调整方向。圆形区域内可以保持清晰而不被模糊处理。

1.8.6 艺术效果

1 杂色

添加杂色可以随机改变像素点的亮度与颜色，产生一种电子干扰的效果。点击"调整" 🔧 –"杂色"，进入杂色界面，在"滑动调整"栏滑动可以调节杂色的应用程度。在"杂色"选项中选择"图层"选项，会对图层中的图像整体效果进行处理；选择"Pencil"选项则需要用笔刷在图层中进行涂抹，以产生艺术效果，该选项可以针对图像局部进行艺术效果处理。

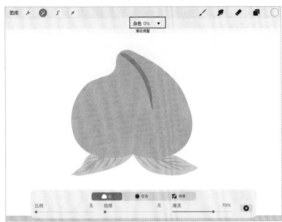 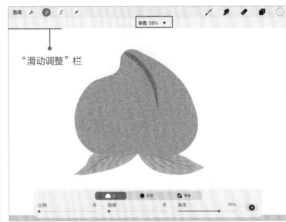

"杂色"有"云""巨浪""背脊"3种模式。可以调节"比例""倍频""湍流"3个参数，从而对杂色细节进行调整。

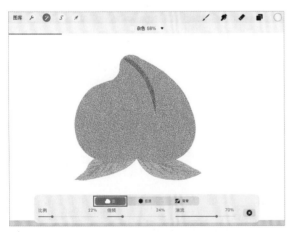 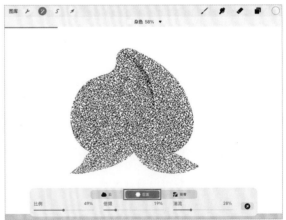

2 锐化

"锐化"可以在图层的明暗区域之间产生聚焦模糊边缘，提高图像中某一部分的清晰度，让图形色彩更加鲜明。调节方式与"杂色"相同。右边两张图分别为锐化前和锐化后的效果。

❸ 泛光

可以调节"过渡""尺寸""燃烧"来达到想要的艺术效果。下面两张图为不同参数下的泛光效果。

❹ 故障艺术

对图像进行不规则马赛克故障艺术处理，可以调节"数量""单元格尺寸""缩放"的大小。有"伪影""波浪""信号""发散"4种艺术模式。

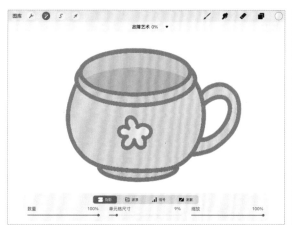
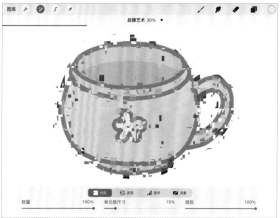

"波浪"效果

"信号"效果

"发散"效果

5 半色调

"半色调"有"全色""丝印""报纸"3种模式。

  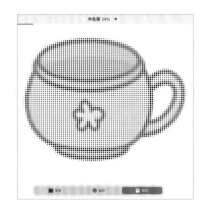

6 色像差

"色像差"有"透视""移动"两种模式。

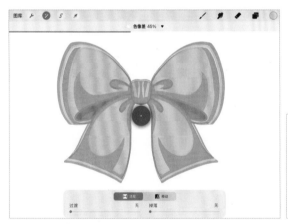

透视： 调节顶部滑动条可以调整色像差的偏移程度。可以拖动黑色圆点调节色像差的角度。还可以调节"过渡"程度与"掉落"程度。

移动： 在画布上拖动可以调节色像差的移动位置。还可以调节色像差的"模糊"程度与"透明度"。

"模糊"为90%，"透明度"为"无"　　"模糊"为90%，"透明度"为50%

7 液化

点击"调整" 🔧 – "液化",进入液化界面,在图案上进行涂抹,即可得到液化效果,"液化"有 7 种液化效果,分别为"推""顺时针转动""逆时针转动""捏合""展开""水晶""边缘"。可以点击"重建""调整"按钮对液化效果进行局部调整。点击"重置"按钮可以恢复到最初状态。还可以通过"尺寸""压力""失真""动力"调节液化细节。

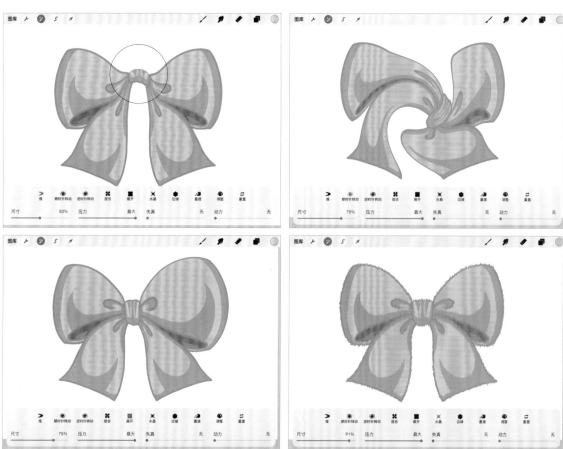

8 克隆

点击"调整" 🔧 – "克隆",进入克隆界面,黑色圆圈所在位置代表即将克隆的图像部分,用笔刷在画布其他区域进行涂抹,将克隆出完全相同的图像。"克隆"还可以结合笔刷一起应用,选择不同肌理的笔刷,克隆出的图形会有不同的肌理效果。

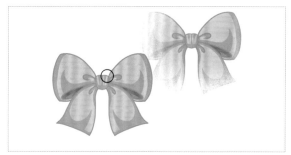

使用"喷漆 – 超细喷嘴"笔刷

使用"喷漆 – 喷溅"笔刷

1.9 选取

1.9.1 选取模式

"选取"功能有"自动""手绘""矩形""椭圆"4种选取模式，下面分别进行介绍。

自动： 直接点击想要选择的部分，就会自动选择区域，可以多次点击，叠加选择。适用于背景简单、平铺上色的图形。选择的区域会变为蓝色。

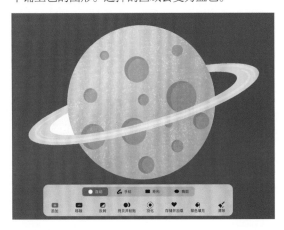

矩形： 以矩形选取框进行选择，适用于大面积选择和图形规则的情况。

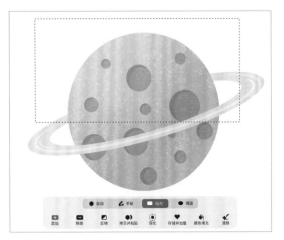

手绘： 用手指或者 Apple Pencil 选取，优点是可以选择局部，精准度比较高。

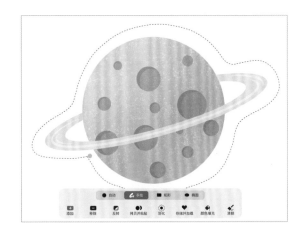

椭圆： 以椭圆选取框进行选择，适用于大面积选择和图形规则的情况。

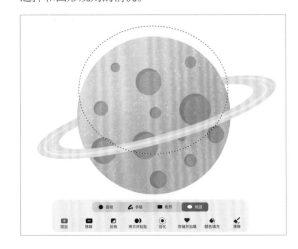

1.9.2 选区调整

在界面底部的选项栏中，可以对选区进行调整。

1 添加 / 移除

点击"添加"按钮可以将形状添加到选区内容。点击"移除"按钮可剪切所选内容中的部分。

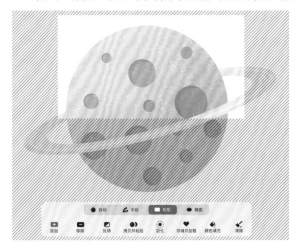

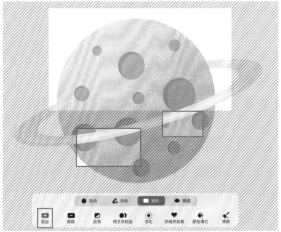

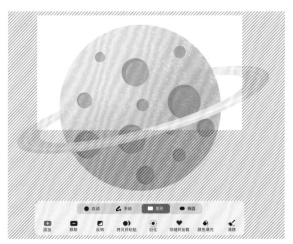

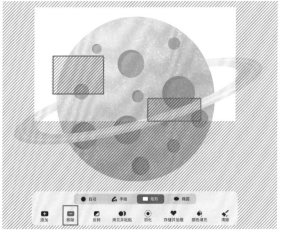

2 反转

点击"反转"按钮可以反转选择的区域，选择的区域呈蓝色。

1.9.3 拷贝并粘贴

可以将选择的内容复制到新的图层。也可以三指在选区内向下滑动，调出选项栏，进行复制、粘贴等操作。

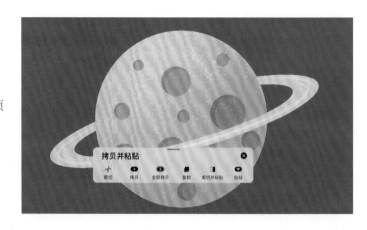

1.9.4 羽化

可以柔化选区的边缘。通过调整"数量"调整羽化程度，将选区羽化后进行填色，边缘会自动柔化。

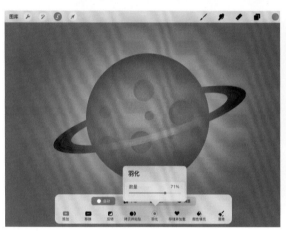
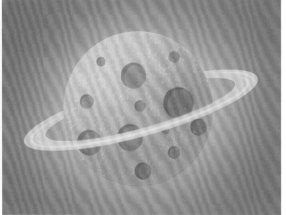

1.9.5 颜色填充

选取星球周边背景，再点击"颜色填充"按钮，选择的部分会自动填充当前颜色。当提前点击"颜色填充"按钮后，再进行选取时，选区内将直接填充当前颜色。

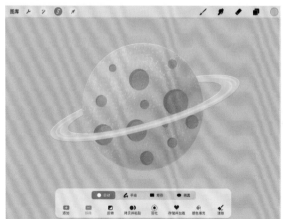
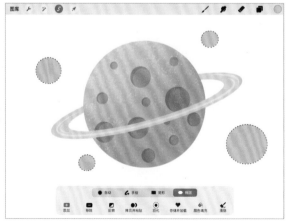

1.9.6 存储并加载

点击"存储并加载"按钮，弹出窗口，点击右上角的"+"按钮，当前选区会被存储在"选区"窗口内。可以存储多个选区。点击任意选区图层，即可选取相应选区。

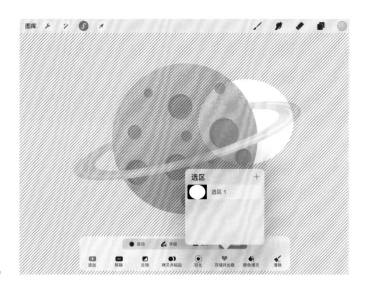

1.9.7 清除

可以取消当前选取的范围并重新选取。

1.10 变换变形

可以缩放、扭曲图像，调整细节。

1.10.1 自由变换

可以对图片进行放大、缩小、拉长、压扁等操作。自由变换的操作不是等比的。

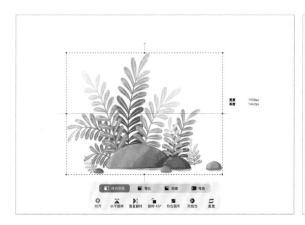 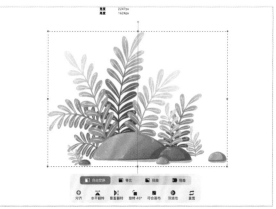

1.10.2 等比

可以在图形比例不变的情况下进行大小缩放调整。

1.10.3 扭曲

拖动蓝色锚点，可以对图片进行扭曲操作，改变透视关系。拖动 4 个中点可以将一边整体移动。

1.10.4 弯曲

可以调节任意点或者线，弯曲图案的局部。"弯曲"下方的"高级网格"可以更加细致地调节图案的局部，达到想要的效果。

1.10.5 其他变换功能

❶ 对齐

点击"对齐"按钮，打开"磁性"和"对齐"功能。在移动图案时，将会出现参考线，便于对齐。可以调节参考线的距离和移动速度。

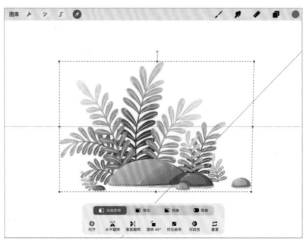

❷ 水平翻转

在不改变图片的情况下，对图片进行横向的水平翻转。

❸ 垂直翻转

在不改变图片的情况下，对图片进行竖向的垂直翻转。

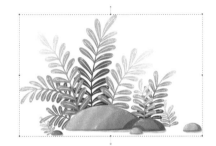 

❹ 旋转 45°

在不改变图片的情况下，对图片进行 45° 角的旋转。

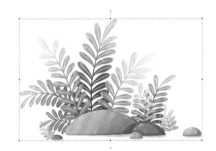 

❺ 符合画布

点击"符合画布"按钮，图案将调整为适合整个画布的最大状态，如下图所示。

❻ 插值

"插值"图标中的文字为当前的插值模式，它可能为"最邻近""双线性"或"双立体"。插值用于缩放、旋转或变换时调整图像的像素。"最邻近"计算速度快，但容易使图像边缘出现锯齿；"双线性"会产生比"最邻近"更平滑的图像；"双立体"会产生最平滑的图像。

❼ 重置

点击该按钮可以将变换的图案恢复到最初状态，重新进行调整。

1.11 便捷手势操作

1.11.1 手势基本操作

绘画、擦除、涂抹：单指可以作为笔刷、橡皮擦或者涂抹工具在画布上直接涂抹、擦除。

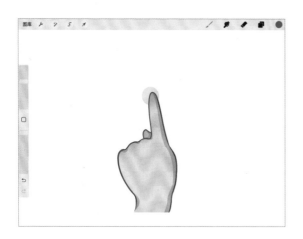

曲线变直线：当用单指绘制线条时，手指在线的末端停顿一会儿，可以让不太直的线变直，让弧线变顺滑。

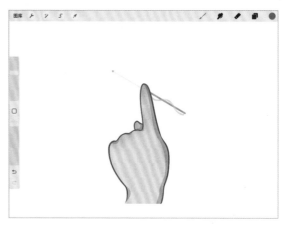

改变直线角度：当用 Apple Pencil 绘制直线时，笔尖停留在线的末端，单指在屏幕上按住，可以得到垂直、水平或自动调整角度的直线。

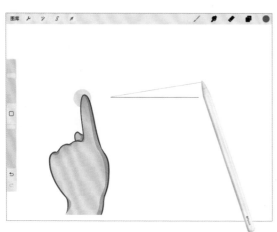

椭圆变正圆：当用 Apple Pencil 绘制圆形时，笔尖停留在线的末端，单指在屏幕上按住，可以得到正圆形。

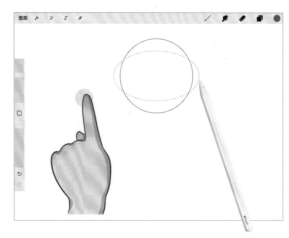

撤销操作： 用两根手指点击画布任意位置，可以撤销上一步操作。

删除画布内容： 用三根手指在画布任意位置来回移动，可以擦除图层上的所有内容。

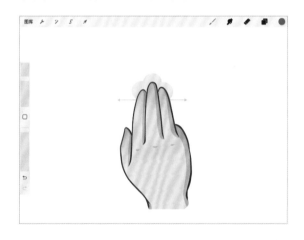

旋转画布： 双指按住屏幕进行旋转，可以将画布旋转到想要的角度。

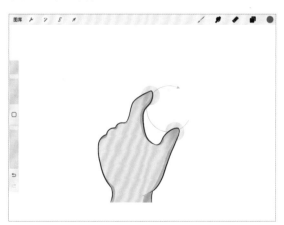

还原撤销，重新制作： 用三根手指点击画布任意位置，可以还原上一步操作。连续点击可以多次撤销。

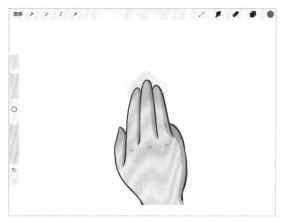

放大、缩小： 双指在屏幕上开合可以放大或者缩小画布。

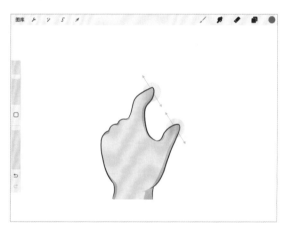

适应全屏： 双指在屏幕上迅速向内捏合，然后立即打开，画布会自动调整到适应全屏的状态。

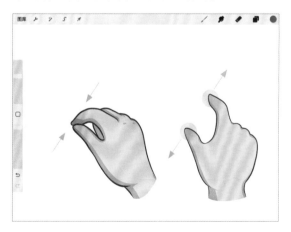

调出剪切、复制、粘贴的工具栏： 用三根手指在画布上向下滑动，可以调出"拷贝并粘贴"工具栏。

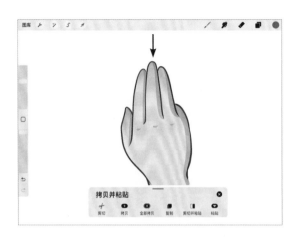

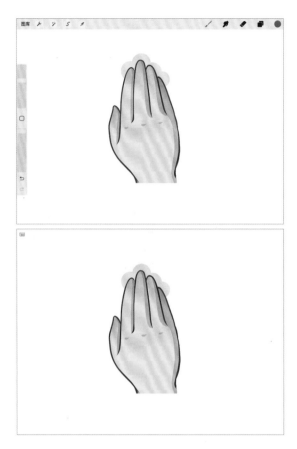

全屏显示： 在正常模式下（如右侧上图所示），用四根手指点击屏幕，可以隐藏工具栏进入全屏模式（如右侧下图所示），再次点击可还原工具栏。

1.11.2 手势操作在图层中的应用

合并多个图层： 双指将两个或者多个图层捏合在一起，即可合并多个图层。

选中多个图层： 单指依次在多个图层上从左向右滑动，可以同时选中多个图层。

锁定图层： 双指在图层上从左向右滑动，可以锁定图层的 Alpha 通道（控制图层不透明度）。

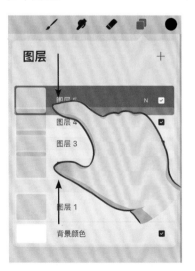

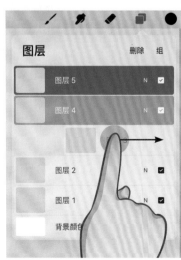

调节图层不透明度： 双指点击图层，可以调出图层"不透明度"滑动条进行不透明度调节。

选中图层内容： 双指按住图层可以选中图层中的全部内容。

1.11.3 笔刷调整

调节笔刷组位置： 单指按住笔刷组上下移动可以调节笔刷组的位置。

调节单个笔刷位置： 单指按住笔刷上下移动可以调节笔刷的位置，也可以将其拖曳到其他笔刷组中。

调节多个笔刷位置： 单指依次在多个笔刷上向右滑动可以选择多个笔刷，然后拖动即可对多个笔刷调整位置。

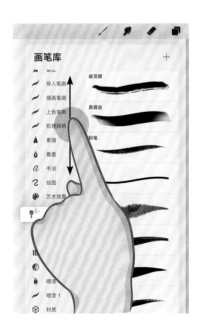

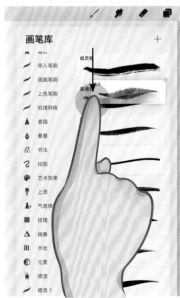

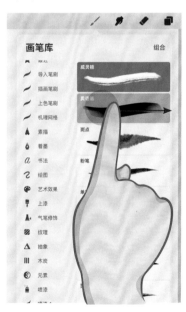

笔刷选项：单指在笔刷上从右向左滑动，会显示笔刷的相关操作选项，包括分享、复制、重置或删除。

Procreate 自带的笔刷会显示"重置"选项，此类笔刷只能重置到初始状态，不能删除。后期导入的笔刷会显示"删除"选项。

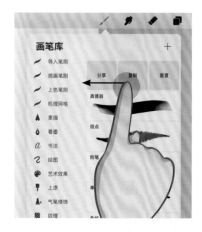

分享笔刷：单指按住笔刷并拖曳，可以将笔刷拖曳到其他支持的 App、云盘中，便于分享笔刷。

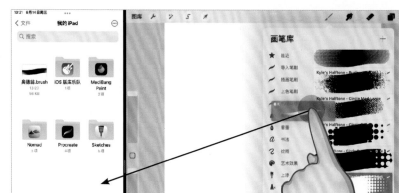

1.11.4 自定义手势设置

自定义手势可以通过点击"操作" 🔧 –"偏好设置"–"手势控制"进行设置。

1.12 基础绘图小技巧

1.12.1 绘制图形的方法

1 用笔刷绘制图形

① 在新建的画布中，选择绘制线条的任意笔刷，这里以"书法 – 单线"笔刷为例。

② 直接用笔刷画出图形。画圆时，在画完后笔刷停住不要提起，可以得到规整的椭圆形；同时单指按住屏幕，可以得到正圆。画完矩形的线条后不提笔，矩形的四条边会变成直线；同时单指按住屏幕可以得到水平和垂直的直线。当然，也可以利用笔刷直接绘制出不规则图形。

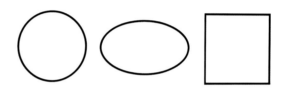

2 利用选取工具绘制图形

① 在界面左上角点击"选取"按钮 S 。

② 在底部工具栏中点击"椭圆"按钮。

③ 在画布中创建一个圆形选区，单指按住屏幕可以得到正圆选区。

④ 直接把颜色拖入选区，即可得到相应颜色的圆形。

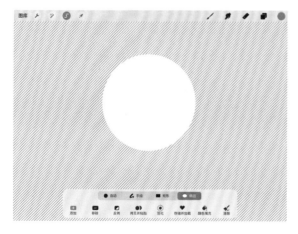

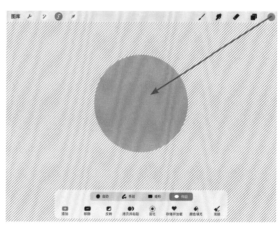

也可以利用"椭圆"和"矩形"工具绘制出不同的图形。

❸ 利用变换变形工具绘制其他图形

① 在界面左上角点击"选取"按钮 ⤴️，利用"矩形"工具绘制一个矩形。

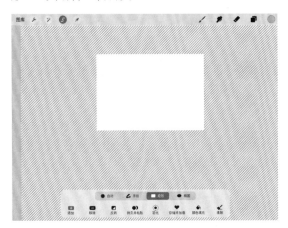

② 将设置好的颜色拖入矩形边框内部，得到一个矩形。

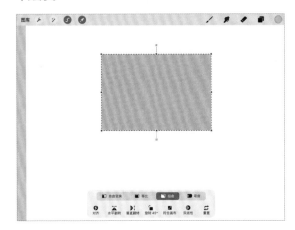

③ 在界面左上角点击"变换变形"按钮 ↗️，点击底部的"扭曲"按钮，把"对齐"中的"磁性"和"对齐"功能打开。

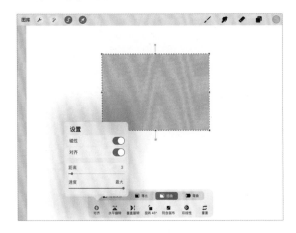

④ 按住矩形左上角的圆点向右拖动，再按住右上角的圆点向左拖动，可以得到一个梯形。

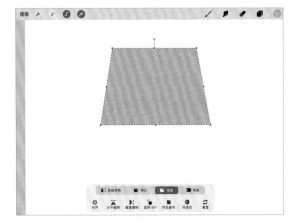

⑤ 点击底部工具栏中的"弯曲"按钮，梯形上会出现网格线。

⑥ 拖动任意边缘线或网格线可以改变图形的形状。

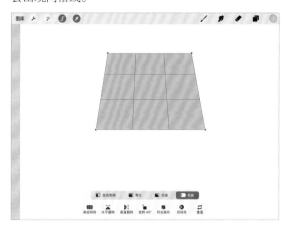

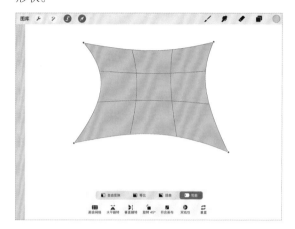

❹ 利用剪切工具绘制图形

① 点击"选取" S – "椭圆"，绘制一个圆形。

② 创建另一个圆形选区，与第一个圆形重叠。

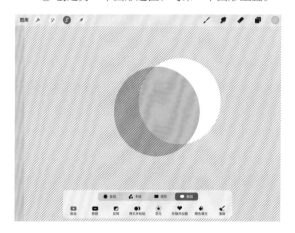

③ 三指向下滑动，弹出"拷贝并粘贴"工具栏。

④ 点击"剪切"按钮，可以得到月牙形状。可以利用同样的方法得到不同的图形。

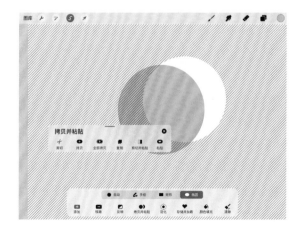

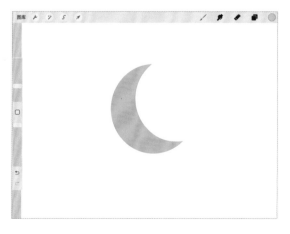

1.12.2 上色的方法

1 用笔刷涂色

① 选择任意笔刷，这里选择"着墨 – 干油墨"笔刷。

② 利用笔刷绘制出想要的图形，然后直接用笔刷在内部进行涂色，即可完成上色。这种方法便于画细节，但是大面积涂色会比较费时间。

2 拖曳颜色涂色

① 选择勾线类笔刷，如"单线"或"工作室笔"等。

② 用笔刷绘制出想要的图形，然后将颜色直接拖入线稿内部。注意线条一定要闭合，不能有断开的部分，否则整个画布会铺满颜色。另外，笔刷的阈值也会影响上色。

3 选区涂色

① 在界面左上角点击"选取"按钮 ⤳，然后在底部的工具栏中点击"手绘"按钮。

② 在画布上绘制出想要的选区图形，注意线条要闭合。

③ 直接将颜色拖入选区，即可完成上色。

也可以直接利用笔刷在选区内进行绘制。

 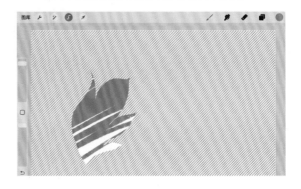

1.12.3 渐变色的绘制方法

1 阿尔法锁定法

① 新建画布，在画布上绘制出想要的图形，这里画一个云朵。（笔刷：着墨 – 工作室笔）

② 在云朵图层上打开"阿尔法锁定"功能。双指在图层上向右滑动即可打开该功能，也可以点击图层，在选项栏中选择"阿尔法锁定"选项。

③ 选择比云朵本色稍深一些的橙色，选择一种肌理均匀的笔刷。（笔刷：材质 – 杂色画笔）

④ 利用笔刷在一侧进行绘制，画出云朵背光面的渐变效果。由于打开了图层的"阿尔法锁定"功能，因此笔刷不会画到云朵以外的部分。但是打开"阿尔法锁定"功能后只能在原图层进行修改，后期如果想修改，会比较麻烦。

另外，笔刷的大小会影响色彩的渐变效果。较大的笔刷绘制出的渐变色彩的过渡效果更自然；较小的笔刷则会产生较清晰的笔刷痕迹，过渡不自然。

⑤ 选择比云朵本色浅一些的淡黄色，用与步骤④同样的方法在右侧进行喷绘，画出云朵的受光面，完成云朵的渐变效果绘制。

可以利用不同笔刷绘制出不同的渐变效果，多尝试可以得到自己满意的肌理渐变效果。下面列举的三个笔刷分别为"超细喷嘴""暴雨""云"。

笔刷：喷漆 - 超细喷嘴
特点：渐变效果自然、精细，没
有颗粒感

笔刷：元素 - 暴雨
特点：颗粒感不同，有特殊肌理
效果

笔刷：元素 - 云
特点：云层的肌理效果强，更加
逼真

❷ 剪辑蒙版法

在云朵图层上方新建图层（注意，一定是在云朵图层上方）。点击云朵图层，在选项栏中选择"剪辑蒙版"选项，剪辑蒙版图层会作用于下方图层中的绘制内容。在新建的图层上直接喷出明暗渐变效果，绘制范围为下方图层中的图形，不会超出。

该方法的优点是如果想进行修改，直接删除剪辑蒙版图层重新绘制即可，原图层不会受到影响，便于修改。

❸ 涂抹法

① 在云朵图层上打开"阿尔法锁定"功能，用"着墨－工作室笔"笔刷在右侧画出较深的色块，在左侧画出较浅的色块。

② 点击界面右上角的"涂抹"按钮 ◢，选择"喷漆－超细喷嘴"笔刷，在右侧颜色交界处进行涂抹。

③ 左侧用同样的方法进行涂抹，即可得到色彩的渐变效果。

选择不同的笔刷进行涂抹，会呈现不同的肌理渐变效果。

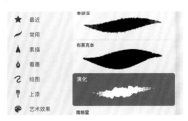

1.12.4 对称轴在绘画中的应用

① 点击"操作" 🔧 –"画布",打开"绘图指引"功能,点击"编辑绘图指引"选项,在界面底部点击"对称"按钮,可以调节对称轴的"不透明度"与"粗细度"。顶部色彩条可以选择对称轴的颜色。

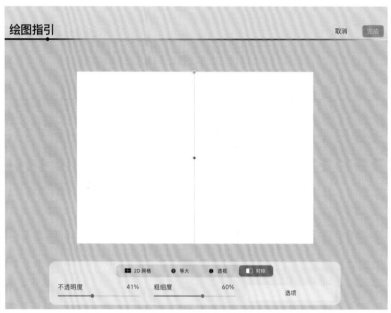

② 在画布上用笔刷在一侧绘制,即可得到对称图形,在线稿图层上打开"参考"功能,新建上色图层,将上色图层放在线稿图层的下方并打开"绘画辅助"功能,就可以进行对称上色了。

③ 擦除工具同样可以利用对称轴来加工画面，选择"书法－单线"笔刷，点击笔刷，选择"描边路径"选项，调大间距，让线变成连续的点。

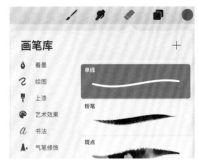

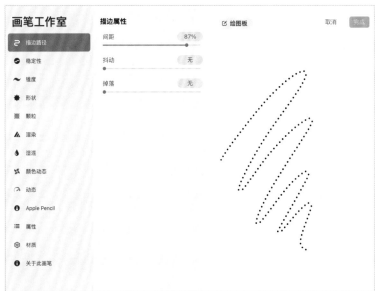

④ 点击"擦除"按钮 ✐，即可在图案上对称地擦出不同的花边点，以装饰图案。

可以利用不同的肌理笔刷通过对称绘制的方法对图案进行装饰与丰富。

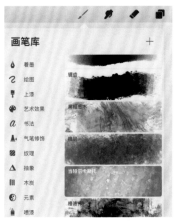

1.12.5 4 种线稿效果的处理方法

1 纯色效果

将颜色调成需要的色彩，直接将色彩拖到深色线条上，即可替换线稿颜色。

2 留白效果

将线稿图层隐藏或者直接删除，即可对线稿部分进行留白，可以得到一种更加柔和的效果。

3 肌理效果

① 在线稿图层上打开"阿尔法锁定"功能，接着选择橙黄色，笔刷选择"艺术效果－塔勒利亚"。

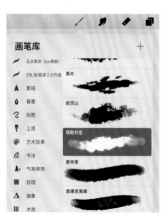

② 用笔刷在线稿上直接涂抹，即可让线条具有肌理效果。

4 渐变效果

① 在线稿图层上打开"阿尔法锁定"功能，选择"喷漆 – 超细喷嘴"笔刷，将笔刷调至合适大小。注意，笔刷不宜过小。

② 颜色选择比轮廓线深的色彩，可以适当深一些。在猫头鹰线稿上进行喷绘，留一部分底色，让线条有渐变效果。

③ 选择淡黄色，在猫头鹰线稿上进行喷绘，让线稿表现出色彩的层次感。

④ 选择比猫头鹰肚皮颜色深的颜色，在胸部的装饰纹线稿上进行喷绘，腿部线稿也可以适当喷绘一些，完成线稿的效果处理。

1.12.6 橡皮擦的灵活应用

❶ 增加图案细节

利用橡皮擦可以擦出一些图案的细节，让图案更加精致。

① 点击"绘图"按钮 ✏️，绘制出叶片的形状，打开图层的"阿尔法锁定"功能，选择"材质 - 杂色画笔"笔刷，为叶片绘制出渐变效果。

② 点击"擦除"按钮 ✏️，选择"着墨 - 工作室笔"笔刷，在叶片边缘由外向内画出叶片的边缘细节，擦除时注意大小和间隔，要有一定的变化，这样会更加自然。然后在内部添加一些镂空的细节。

❷ 修改图案边缘

① 用笔刷在画布上绘制出羽毛的大体外形。

② 点击"擦除"按钮 ✏️，选择"上漆 - 干画笔"笔刷，沿羽毛的边缘擦出羽毛的质感，注意擦除的方向。可以用同样的方法选择不同的橡皮擦擦出不同的边缘效果，以丰富画面的质感。

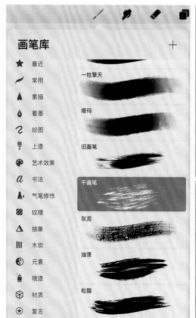

❸ 让衔接更自然

① 分两个图层在画布上绘制出山的大体形状，注意颜色要区分开。

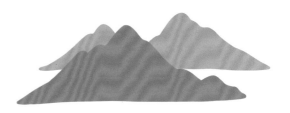

② 点击"擦除"按钮 ✐，选择"喷漆－超细喷嘴"笔刷，将笔刷尺寸调节到40%，将不透明度调低。

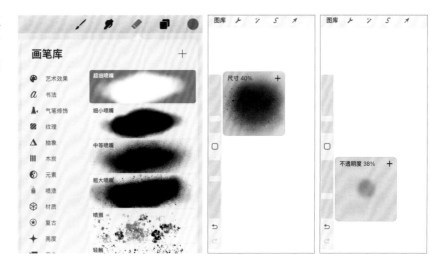

③ 用橡皮擦在山的底部进行擦拭，让山的底部与背景衔接得更加自然。后面的山用同样的方法进行处理，这样整体就有云雾缭绕的感觉了。

1.12.7 正片叠底的应用

❶ 添加阴影效果

① 在上色图层的上方新建图层，并设置混合模式为"正片叠底"。

② 将图层设置为剪辑蒙版，以锁定阴影添加范围。选择比猫头鹰本色偏灰一点的色彩。

③ 利用"着墨－工作室笔"笔刷在猫头鹰有遮挡关系的部分绘制阴影，因为采用的是"正片叠底"混合模式，阴影色彩与猫头鹰本色可以很自然地叠加在一起，看上去非常和谐。

④ 处理细节。选择"喷漆－超细喷嘴"笔刷，并打开阴影图层的"阿尔法锁定"功能。

⑤ 选择稍暗一些的颜色，在阴影的下方进行喷涂，让阴影呈现渐变效果，这样可以增强整体的效果，让画面的层次感更强，更加精细。

⑥ 点击"擦除"按钮
，选择"喷漆 – 超细喷嘴"笔刷，对"正片叠底"混合模式的图层进行局部擦拭，让阴影看上去更加自然、柔和。

❷ 添加肌理效果

① 找出 1.12.3 小节绘制的渐变云朵，新建图层，并将新图层设置为剪辑蒙版。

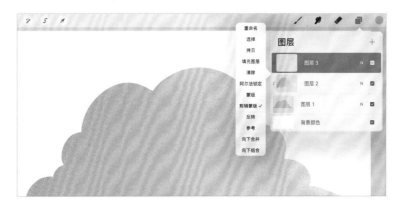

② 笔刷选择"元素 – 云"，选择云朵的同色系颜色，在图层上平涂。没有效果的云层肌理并不明显。

③ 将图层的混合模式设置为"正片叠底"后，云层的肌理效果就凸显出来了，且和云朵的本色可以很好地重叠在一起，色调统一。

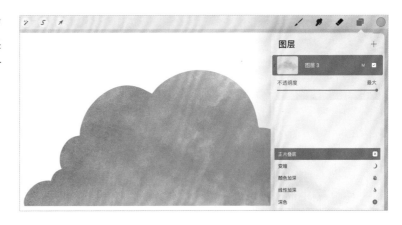

使用"正片叠底"混合模式前　　　　　　使用"正片叠底"混合模式后

Procreate 中没有描边功能，只能用其他方法进行图形描边，因此最终描边效果可能与想要的描边效果有些出入。如果对描边效果要求不高，可以选择使用。

❶ 用笔刷描边

① 在要描边的图形所在图层的下方新建图层，选择"书法 – 单线"笔刷，将颜色调成白色。

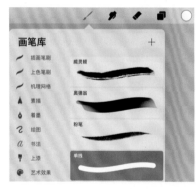

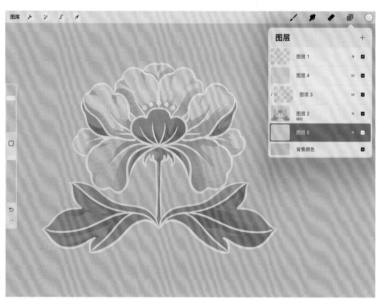

② 在新建的图层上沿图案边缘进行绘制，画出白边即可。这种方法的优点是绘制比较随意，变化可控，缺点是线条粗细无法统一。

❷ 羽化叠加描边

① 双指在要描边的图形的图层上向左滑动，将需要描边的图案复制。

② 在两个图层之间新建图层，并设置为剪辑蒙版，将图层填充为白色。

③ 将白色剪辑蒙版图层与下方的图层合并，得到白色花卉图案。

④ 选择白色图案图层，点击"选取"按钮， ，选择"自动"，选取整个图案，点击"羽化"按钮，调节"数量"大小（尽量小一些，过大描边线会模糊）。点击"颜色填充"按钮，图案周边会有淡淡的光晕效果。

⑤ 将白色图案的图层复制，复制的图层越多，描边线越宽，复制叠加到需要的描边宽度，将复制的多个图层直接合并，即可得到粗细相同的白色描边效果。

3 高斯模糊描边

① 复制图层，将图形填充为白色，具体操作方法请参考前面的"羽化叠加描边"的步骤①~步骤③。

② 点击"调整"按钮，选择"高斯模糊"选项。

③ 进入调节界面，在屏幕上向右滑动即可调节"高斯模糊"值，数值尽量小一些。

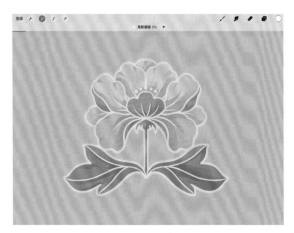

④ 将图层多次复制并合并，得到需要的描边宽度即可。图层复制得越多，所得的描边线越宽。

1.12.9 自制专属图案笔刷

① 点击图案图层，将准备制作成笔刷的图案拷贝。

② 点击"绘图"按钮 ✏️，在"着墨 – 工作室笔"笔刷上向左滑动，点击"复制"按钮，得到"工作室笔 1"笔刷。

③ 点击复制的"工作室笔 1"笔刷，进入调节界面，选择"形状"选项，点击"编辑"按钮，进入"形状编辑器"界面，点击"导入" – "粘贴"。

④ 此时云朵的图形已导入笔刷的形状中，点击"完成"按钮。

⑤ 在"描边路径"选项中将"间距"调到最大，然后在"Apple Pencil"选项中将"压力"下面的"尺寸"调为0%。

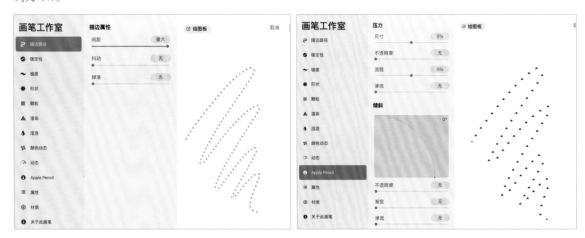

⑥ 在"属性"选项中将"最大尺寸"调为"最大"，将"最小尺寸"调为"无"。点击"形状"选项，单指按住蓝色圆点向内压缩，调节图形高度到合适的尺寸，点击"完成"按钮。

⑦ 点击"关于此画笔"选项，点击名称可以直接更改。退出界面，在"画笔库"面板中即可找到自制笔刷，选择需要的颜色，就可以在画布上画出大小不同的云朵了。

第 2 章
Procreate 案例操作

在了解了 Procreate 的基础功能之后，还需要在实际绘制中了解各项功能的应用。本章将通过三个较为简单的插画元素来讲解在 Procreate 中绘制插画的过程。案例将细致地讲解各项功能的实际应用与操作方法，以便初学者后期能独立完成绘画创作。

2.1 寿司

01 打开 Procreate，点击"+"按钮，新建画布。可以根据自己的需求设置尺寸。点击绘画界面右上角的"绘图"按钮 ✎，选择"着墨－干油墨"笔刷，准备绘制草图。

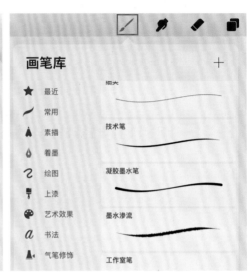

02 用线条概括出寿司的外形，线条尽量简洁一些，整体形状偏椭圆，上窄下宽，用弧线分出寿司的两个面，再在寿司里画一些简单形状，如圆形的青豆、方形的午餐肉、长条的蔬菜等，形状尽量简单一些。然后在寿司上添加杧果片，上面添加上鱼子酱，这样寿司会更加形象。

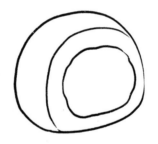

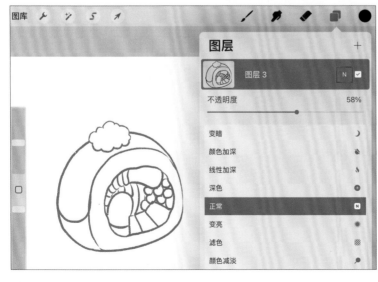

03 点击图层右侧的 N，降低线稿的不透明度，在草图图层的上方新建图层，准备勾画线稿。

04 选择"书法－单线"笔刷，勾画线稿，画米饭时可以用曲线绘制，也可以用一些断线表现质感。

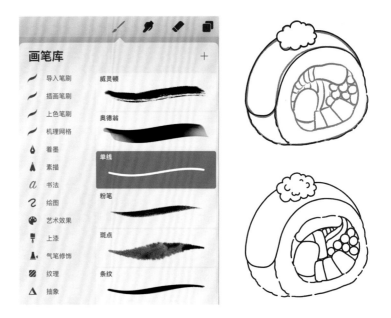

05 建立色卡，为寿司铺基础色。点击"选取" S －"椭圆"，在画布右上角创建圆形选区，单指按住屏幕，可以让椭圆变为正圆。然后选择好需要的颜色，新建图层，把颜色拖入选区。

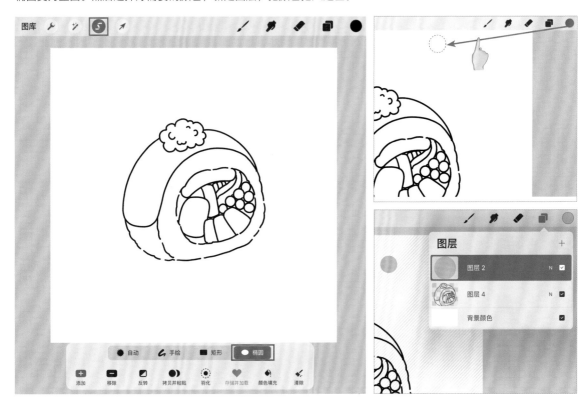

06 复制色卡图层，点击"变换变形" ↗ – "等比" – "对齐"，打开"对齐"功能。接着复制多个圆形并调整到合适的位置，拖入其他颜色，建立好基础色的色卡。可以将色卡图层进行合并（双指将最上面的色卡图层和最下面的色卡图层向中间捏合），以控制图层数量。

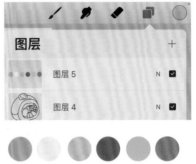

07 整体铺色。在线稿图层的下方新建图层，用相应的颜色勾勒出要上色的区域轮廓，注意线条要闭合，然后把相应色彩拖入上色区域。

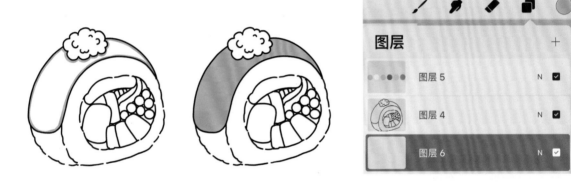

08 其他部分也利用相同的方法进行铺色，不同的颜色尽量分层绘制。完成铺色之后，打开各个上色图层的"阿尔法锁定"功能，便于之后进行色彩处理。

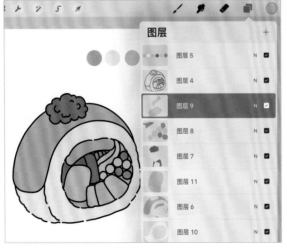

09 添加渐变色。选择"喷漆－超细喷嘴"笔刷，调到合适的大小，受光面用比基础色浅的颜色喷绘，背光面用比基础色深的颜色喷绘，这样可以形成自然的渐变效果。

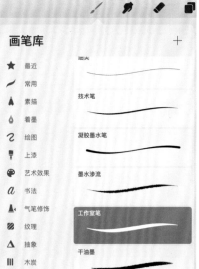

10 添加阴影。在基础色图层的上方新建图层，点击图层右侧的 N，选择"正片叠底"混合模式，选择一种比基础色偏灰的颜色，选择"着墨－工作室笔"笔刷，在左侧背光面和线条下方添加阴影，也可以添加一些点来丰富质感。

11 为线稿着色。点击线稿图层，打开"阿尔法锁定"功能，选择好色卡，颜色要根据寿司的颜色表现出深浅变化。例如，轮廓可以适当深一些，饭团内部可以稍微浅一些，肉质部分可以偏粉一些。为线稿着色会让整体看上去更加统一。

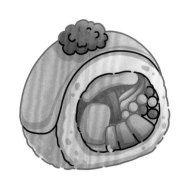

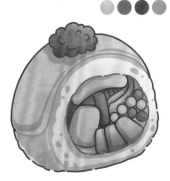

12 添加高光。在所有上色图层的上方新建图层，选择主色调中较浅的颜色，为鱼子酱加上点状高光；杜果片用线条添加高光，以体现光泽感；在米饭部分添加不同朝向的浅色米粒，以增强质感，丰富细节。

13 添加整体投影。在整体色彩图层的下方新建图层，添加椭圆形投影。

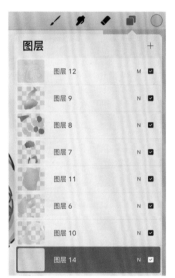

14 点击投影图层，调节不透明度，让投影达到自己想要的效果，寿司就绘制完成了。

2.2 盆栽

OI 打开 Procreate，点击"+"按钮，新建画布。可以根据自己的需求设置尺寸。点击绘画界面右上角的"绘图"按钮 ✐，选择"着墨 – 干油墨"笔刷，准备绘制草图。

新建画布		
屏幕尺寸	P3	2732 × 2048px
正方形	sRGB	2048 × 2048px
4K	sRGB	4096 × 1714px
A4	sRGB	210 × 297毫米
4 × 6照片	sRGB	6″ × 4″
未命名	sRGB	1600 × 1200px
未命名	sRGB	3000 × 2000px
未命名	sRGB	1920 × 1080px

画笔库

★	最近	墨水渗流
✐	常用	
✦	素描	工作室笔
◊	着墨	
∿	绘图	干油墨
⌷	上漆	
⊕	艺术效果	葛辛斯基墨
a	书法	
⚘	气笔修饰	标记

O2 用线条概括出盆栽的外形，线条尽量简洁一些，先画出杯形花盆，再用椭圆形画出仙人球的主体，注意分枝部分尽量左右高低错开，这样植物的生长效果看上去会更加自然。概括好轮廓后，再添加上仙人球的纹理和短刺，点缀一些简单的小花，花盆上也可以添加一些简单的装饰。

O3 点击图层右侧的 N，降低草图的不透明度，点击"图层"面板右上角的"+"按钮，新建图层，准备进行基础色填涂。本案例最后不保留线稿，所以不需要绘制出细致的线稿。

04 建立色卡，准备为盆栽铺基础色。点击"选取" ⑤ –"椭圆"，在画面右上角创建圆形选区，单指按住屏幕，可以让椭圆变为正圆。然后选择好需要的颜色，新建图层，把颜色拖入选区。点击"变换变形" ↗ –"自由变换"–"对齐"，打开"磁性"与"对齐"功能。接着复制多个圆形并调整到合适的位置，拖入其他颜色，建立好基础色的色卡。

05 整体铺色。在线稿图层的下方新建图层，勾勒出要上色的区域轮廓，注意线条要闭合，然后把相应色彩拖入上色区域。其他部分也利用相同的方式进行铺色。

06 不同的颜色尽量分层绘制，注意每个部分的遮挡关系。例如，花盆遮挡住了仙人球的根部，可以将仙人球上色图层放在花盆上色图层的下方，这样就不用担心绘制仙人球根部时会画出边界了。

07 仙人球其他部分也根据前后遮挡关系进行分层上色，注意相邻的部分颜色要区分开，也要进行分层上色，这样便于后期进行色彩处理。整体上完色彩后，可以把线稿图层隐藏。

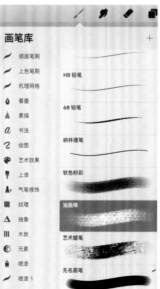

08 添加肌理效果。打开所有上色图层的"阿尔法锁定"功能，选择"素描－油画棒"笔刷，调到合适的大小。注意，笔刷不宜过大，否则纹理会不明显。

09 背光面可以用比基础色深的颜色
绘制，这样可以形成自然的肌理效
果。仙人球受光面可以用黄色调来添
加简单肌理，这样可以让整体色彩更
加丰富。

10 添加阴影。在基础色图层的上方新建图层，点击图层右侧的N，选择"正片叠底"混合模式，选择比主色调灰的色调，
黄色的盆和绿色的仙人球要选择两种灰调，点击线稿图层的勾选框，显示线稿。

11 选择"着墨－工作室笔"笔刷，根据线稿添加仙人球的纹理和花
盆上的装饰，然后隐藏线稿图层。在仙人球与花盆的右侧和下部添加阴影，并在仙人球上点缀一些小刺。

l2 使用"着墨－工作室笔"笔刷在仙人球外围用绿色添加一些小刺，以丰富仙人球整体。然后用短线添加高光，为花盆加上浅色装饰，以丰富花盆整体。

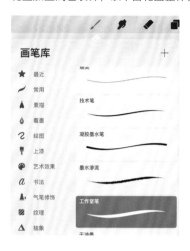  

l3 添加整体投影。点击"选取" ⟲ －"椭圆"，在花盆右下方创建一个椭圆形选区，选择灰色调进行填色，绘制出整体盆栽的投影。

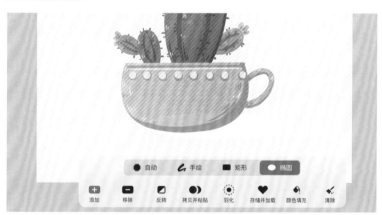 

l4 点击"擦除"按钮 ✎，选择"喷漆－超细喷嘴"笔刷，调节到适当的大小，调低不透明度，将投影的右侧擦除一部分，形成自然的渐变效果，盆栽就绘制完成了。

2.3 小熊猫

01 打开 Procreate，点击主界面右上角的"+"按钮，新建画布。可以根据自己的需求设置尺寸。
点击绘画界面右上角的"绘图"按钮 ✏️，选择"着墨 – 干油墨"笔刷，准备绘制草图。

02 用线条概括出小熊猫的外形，线条尽量简洁一些，头要大一些，身体要小一些，这样小熊猫会更加可爱。

03 点击图层右侧的 N，降低线稿的不透明度。点击"图层"面板右上角的"+"按钮，新建图层，准备勾画细致线稿。

04 小熊猫主体形状对称，点击界面左上角的"操作"按钮 🔧，打开"画布"中的"绘图指引"功能，点击"编辑绘图指引"选项，选择"对称"工具，拖动蓝色圆点，调整对称轴的位置。

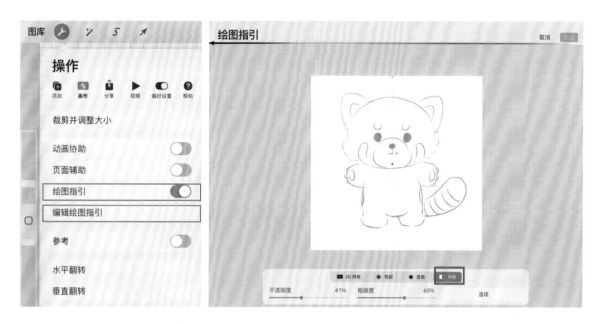

05 点击线稿图层，打开"绘画辅助"功能，选择"着墨－工作室笔"笔刷，勾画线稿。

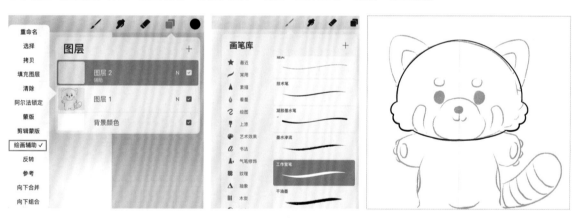

06 将小熊猫的头部和身体绘制完成后再绘制尾巴。因为尾巴不是对称的，所以在绘制尾巴前，要先关闭图层的"绘图辅助"功能。注意线条一定要闭合，便于后期上色。

07 建立色卡，为小熊猫铺基础色。选择好需要的颜色，点击"选取" ✦ –"椭圆"，在画面右上角创建圆形选区，单指按住屏幕，可以让椭圆形变为正圆。然后新建图层，把选好的颜色拖入选区。

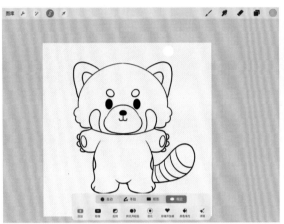

08 点击"变换变形" ✦ –"等比"–"对齐"，打开"磁性"与"对齐"功能。然后单指在圆形色卡图层上向左滑动，点击"复制"按钮。复制多个圆形并调整到合适的位置，拖入其他颜色，建立好基础色的色卡。

09 对多个色卡图层进行合并。双指同时选择最上面和最下面的两个色卡图层向中央捏合即可。合并图层可以控制图层数量。

10 在线稿图层的下方新建图层，准备用来上色。点击线稿图层，选择"参考"选项，在上色图层上直接拖入相应颜色就可以快速着色了。

11 需要添加色彩时，可以在基础色图层的上方新建图层，绘制出不同的色彩形状，方便后期进行调整。然后利用复制图层的方法绘制出相同的对称部分。

12 点击界面左上角的"变换变形"按钮↗，选择"水平翻转"工具，对复制的图层进行水平翻转，再将其移动到需要的位置。之后将两个图层合并。

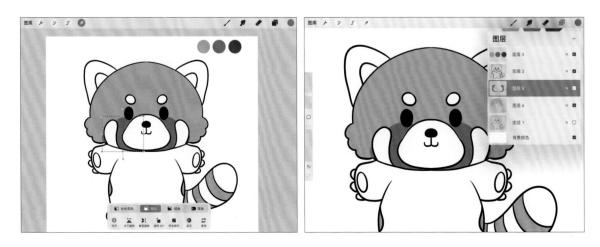

13 点击"图层"面板底部的背景图层，弹出色环，把背景色换成灰色，这样便于进行白色的填涂。在耳朵、嘴部等相应的位置填充白色。

14 准备添加渐变色。想为哪一部分添加渐变色，就先选择相应的图层，打开"阿尔法锁定"功能，然后选择"喷漆－超细喷嘴"笔刷。

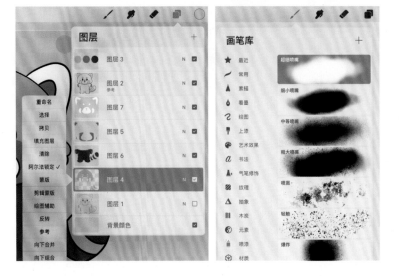

15 选择适当的颜色为各个部分添加渐变色。大面积上色时笔刷可以适当调大一些，如为头部和身体上色。受光面用比基础色浅的颜色喷绘，背光面用比基础色深的颜色喷绘，这样可以形成自然的渐变效果。

16 添加阴影。在头部基础色图层的上方新建图层，点击新建的图层，选择"剪辑蒙版"选项，点击图层右侧的N，选择"正片叠底"混合模式。

17 选择头部底色色调中偏灰的色彩，选择"着墨－工作室笔"笔刷，绘制出阴影部分，阴影要沿着轮廓绘制，注意起笔时要画得细一些。有结构的部分都需要添加阴影。例如，眉毛、眼睛都会在面部形成阴影。

18 点击"涂抹"按钮 ✎，弱化阴影部分，让阴影看上去更加自然。

19 利用同样的方法为小熊猫整体添加阴影，包括耳朵、身体、四肢等部位。

20 添加纹理效果。选择"纹理－达金荒野"笔刷，色彩选择较浅的颜色。

21 在基础色图层上打开"阿尔法锁定"功能，然后用笔刷绘制纹理，暗部纹理可以适当浅一些，有一些变化。

22 在线稿图层的上方新建图层，点击新建的图层，选择"剪辑蒙版"选项，利用"喷漆－超细喷嘴"笔刷喷绘出棕色的线稿，这样小熊猫整体看上去会更加柔和。

23 为了方便后期添加背景效果，可以把小熊猫存储为背景透明的 PNG 格式文件，打开"图层"面板，把底部的背景图层隐藏。

24 点击"操作" 🔧 －"分享"－"PNG"，选择"存储图像"选项，图片就会存储到照片中。

25 导入存储的小熊猫图片。点击"操作" ![wrench icon] - "添加" - "插入照片"，在照片中点击存储的小熊猫图片，即可将其导入画布。

26 调整图片。点击"变换变形" ![arrow icon] - "等比"，调整小熊猫的大小，也可以通过"水平翻转"功能改变小熊猫的姿态。

可以通过"扭曲"或者"弯曲"功能调整小熊猫的透视关系与局部，得到需要的效果。

可以点击"调整" ✨ –"色像差"，为小熊猫添加一些特殊效果。也可以尝试应用其他效果。

27 添加投影效果。点击小熊猫图层，点击"复制"按钮。把下层的小熊猫向右侧稍微平移一部分。

28 点击"调整"  －"色相、饱和度、亮度",将"亮度"滑块调到最左侧,形成黑色的小熊猫投影。

29 调整投影图层,降低不透明度。点击"变换变形" ↗ －"扭曲",调整投影形状。

30 点击"擦除"按钮 ✐,选择"喷漆－超细喷嘴"笔刷,调大橡皮擦,在投影上部进行擦拭,让投影的过渡效果更加自然。小熊猫就绘制完成了。

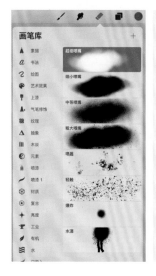

第3章
插画元素：唯美植物

植物包含很多种，如乔木、灌木、藤类、青草、蕨类等。植物不仅可以美化环境，还可以为人类提供赖以生存的氧气，是环境的"绿化器"。

3.1 花卉与多肉

　　花卉是绘画中常见的题材，花朵的形态各异，造型多变，色彩艳丽。在插画绘制中，一般常表现花卉植物的花朵、叶与茎。花瓣和叶可以用不同的几何图形进行概括，并以此为基础进行初步起稿，这是一种比较简单的绘制方式。利用简单的圆形作为花蕊，椭圆形花瓣多次重复，这样就可以形成简单的小花。还可以通过叠加的方式对花瓣进行丰富，这样花朵的形态会更加饱满。

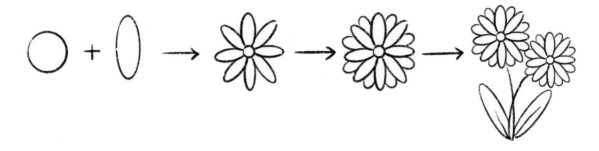

　　利用简单的圆形作为花蕊，搭配三角形花瓣，即可组成简单的小花。花瓣顶端可以产生不同形态的变化，这样可以形成新的花形，丰富花朵的形态。

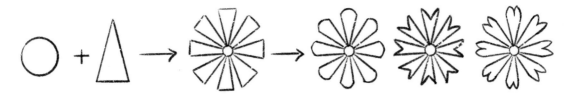

　　不同的花瓣进行组合、叠加，可以让花朵的形态更加多样化。

叶子的形态可以利用基本形绘制出来。可以在基本形的基础上修改细节。例如，将边缘调整为锯齿状，进行叶片的分割等。

利用基本叶形可以衍生出对生叶片，这样叶子的形态会更加丰富、多样，再加上叶脉，效果会更加精致。

另外，还可以利用基本叶形绘制出掌式叶片，以丰富叶子的形态。

花朵与叶任意组合，就可以组成各式各样美丽的花卉了。

3.1.1 毛茛

毛茛为多年生草本植物。茎直立，聚伞花序有多数花，萼片呈椭圆形，花果期为 4 月～9 月。别名野芹菜、起泡菜、山辣椒等。分布于温带和寒温带地区，喜温暖、湿润的气候。

01 绘制毛茛的线稿。花卉草图用基本图形概括出大体结构即可。可以用波浪线对椭圆形花瓣进行一些小的改变和丰富。

笔刷： 着墨 - 干油墨

> **小贴士**
>
> 画叶子的时候，可以先画出完整的叶片，再在叶片边缘绘制出缺口，然后擦除多余部分。
>
>

02 选择花卉主体色彩，建立色卡，色彩主色不超过三种（这里选择了黄、橙、绿）。降低线稿图层的不透明度，在上方建立新图层，进行基本色平涂，注意，每种颜色都要有独立的图层。有遮挡关系的叶片要用不同的绿色区分开，方便后期添加效果。基本色涂完之后，隐藏线稿图层。

笔刷： 书法 - 单线

> **小贴士**
>
> 花瓣、叶片等单独的部分可以先用相应颜色绘制出轮廓，注意线条要闭合，这样便于直接将颜色拖曳到上色区域。

03 打开所有图层的"阿尔法锁定"功能，将画笔调到合适的大小，在花朵中心部分、叶片根部用比基本色稍深的同色系颜色进行喷绘，做成肌理效果。再利用比花瓣本色浅的淡黄色在花瓣外围进行喷绘，在叶片和花骨朵的边缘部分进行同样的处理，淡黄色可以调节本色，让画面更加丰富，更有层次感。茎的底部用更深的绿色进行过渡。

笔刷： 材质 - 杂色画笔

"杂色画笔"笔刷过小　　　　"杂色画笔"笔刷大小适中

04 新建图层，设置为"正片叠底"混合模式。选择比花瓣本色稍浅一
些的颜色，在花瓣上绘制出线条肌理，让花瓣更加丰富。在花朵中心部
分点出花蕊，叶片部分选择比本色稍浅一些的绿色画出叶脉，绘制叶脉
的时候要注意从叶片外围向内线条逐渐变长。花骨朵要画出暗面阴影，
注意光源位置。

笔刷：着墨 – 工作室笔

颜色无法透出叶片的渐变效果　　　　更加自然的肌理效果

05 利用浅色和白色添加高光。添加高光的时候线条要画得自然一些，长短要有
些变化，相邻的线条长短尽量不要太一致，可以有细微的变化，线条要添加在花
瓣和叶片的外围，少量点缀即可，目的是让整体层次更加分明。毛茛就绘制完成了。

笔刷：着墨 – 工作室笔

3.1.2 大丽花

大丽花别名大理花、大丽菊等，属多年生草本植物，有巨大棒状块根。茎直立，多分枝。原产于墨西哥。头状花序大，有长花序梗。花期为 6 月 ~ 12 月。

01 绘制大丽花的线稿，注意大丽花花瓣要分层，每一层的花瓣都要围绕中心点向外分散绘制。

笔刷： 着墨 – 干油墨

02 选择花卉主体色彩，建立色卡，分图层进行基本色平涂，因为大丽花的层次比较多，所以红色层次也要多一些，依次向外加深。

笔刷： 书法 – 单线

> **小贴士**
>
> 为花瓶填充颜色后，调低不透明度，透出花茎的部分。

03 打开所有图层的"阿尔法锁定"功能，在花朵中心部分、叶片根部用比基本色稍深的同色系颜色进行喷绘，做成肌理效果。再利用比花瓣本色浅的同色系颜色在花瓣外围进行喷绘，在叶片和花骨朵的边缘部分进行同样的处理，让画面分出层次。

笔刷： 材质 – 杂色画笔

> **小贴士**
>
> "杂色画笔"笔刷不宜过小，绘制较小内容时可以在外围点击喷绘，这样颜色的过渡效果会比较自然，不会大面积覆盖本色。

04 新建图层，设置为"正片叠底"混合模式。选择比花瓣本色稍灰一些的颜色在花瓣上绘制出阴影，一般在花瓣下方沿轮廓进行绘制。叶片部分选择比本色稍浅一些的绿色画出叶脉，花骨朵要画出暗面阴影。选择灰色，绘制出花瓶整体的暗面。

笔刷： 着墨 – 工作室笔

> **小贴士**
>
> 绘制花瓶的阴影部分时，可以调低不透明度，用橡皮擦在瓶口处轻轻擦拭，这样光影效果会更加自然。

05 利用比花朵、叶片、花瓶基本色稍浅的颜色和白色添加高光。花瓶的受光面可以用淡黄色"杂色画笔"笔刷稍微处理一下，让花瓶有一些暖色调，增强花瓶的层次感，漂亮的小瓶花就绘制完成了。

笔刷： 着墨 – 工作室笔、材质 – 杂色画笔

> **小贴士**
>
> 花瓶整体用淡淡的灰色添加投影，直接新建图层，点击"选取"-"椭圆"，创建合适的椭圆形选区并填色即可。如果想再精细一些，可以打开投影图层的"阿尔法锁定"功能，选择浅灰色在左侧用"杂色画笔"笔刷添加渐变效果，添加投影会让整体更有立体感。

3.1.3 石竹花

石竹花属多年生草本植物，叶片呈线状披针形，花单生枝端或数花集成聚伞花序，花苞呈卵形，花瓣呈倒卵状三角形，顶缘有不整齐齿裂，花期为 5 月~ 6 月。

01 绘制石竹花的线稿，花瓣边缘要进行锯齿状变形。

笔刷： 着墨 - 干油墨

02 建立色卡，分图层进行基本色平涂。

笔刷： 书法 - 单线

03 打开所有图层的"阿尔法锁定"功能，喷绘出色彩渐变效果和肌理效果。

笔刷： 材质 - 杂色画笔

小贴士

在构图上，两朵主花要有大小变化，这样看上去会更加自然、舒适；位置要尽量错开，不要横排放置，那样会显得死板。

04 新建图层，设置为"正片叠底"混合模式。为花瓣加一个近似色的层次，在叶子上加上叶脉。

笔刷： 着墨 - 工作室笔

05 利用浅色添加高光，提亮整体，增强层次感。

笔刷： 着墨 - 工作室笔

3.1.4 耧斗菜

耧斗菜为多年生草本植物，茎直立，花瓣有 5 片，通常呈蓝紫色或白色；萼片有 5 片，与花瓣同色。花期为 5 月～7 月。

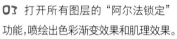

01 绘制耧斗菜的线稿。添加叶片可以让构图更加饱满，但要注意叶片的位置关系、大小的变化和遮挡关系。

笔刷： 着墨 - 干油墨

02 建立色卡，分图层进行基本色平涂。

笔刷： 书法 - 单线

03 打开所有图层的"阿尔法锁定"功能，喷绘出色彩渐变效果和肌理效果。

笔刷： 材质 - 杂色画笔

04 新建图层，设置为"正片叠底"混合模式。绘制出花瓣的明暗关系，在叶子上加上叶脉，利用白色进行提亮和点缀。

笔刷： 着墨 - 工作室笔

05 利用浅色添加高光，提亮整体，增强层次感。

笔刷： 着墨 - 工作室笔

3.1.5 天竺葵

天竺葵别名洋绣球，为多年生草本植物。天竺葵原产于非洲南部，幼株为肉质草本，老株半木质化，叶片呈圆形或肾形，茎部呈心形，伞形花序腋生，花期为 5 月～7 月。

01 绘制天竺葵的线稿。注意每朵花的遮挡关系，叶子有大有小看上去会更加自然。
笔刷：着墨－干油墨

02 建立色卡，分图层进行基本色平涂。花朵的颜色要利用不同深浅的粉色系颜色区分开。
笔刷：书法－单线

03 打开所有图层的"阿尔法锁定"功能，喷绘出色彩渐变效果和肌理效果。叶片的受光部分可以点缀一些淡黄色。
笔刷：材质－杂色画笔

04 新建图层，设置为"正片叠底"混合模式。添加叶脉及明暗关系。大叶脉之间可以用短线画出天竺葵叶片上的纹理变化。
笔刷：着墨－工作室笔

05 新建图层，加入环境色，用浅色添加肌理线条，提亮整体。叶片的局部可以用淡粉色添加环境色。
笔刷：着墨－工作室笔

3.1.6 向日葵

　　向日葵是菊科向日葵属草本植物。因花序随太阳转动而得名。茎直立，头状花序，总苞片多层，叶质，覆瓦状排列，花期为 7 月～9 月。

01 绘制向日葵的线稿。注意向日葵的遮挡关系，4 个花头可以有大小变化，这样整体看上去会更加自然、舒服。

笔刷： 着墨 - 干油墨

02 建立色卡，分图层进行基本色平涂。注意两层花瓣的颜色要区分开，添加整体投影。

笔刷： 书法 - 单线

03 打开所有图层的"阿尔法锁定"功能，喷绘出明暗变化和肌理效果。

笔刷： 材质 - 杂色画笔

04 新建图层，设置为"正片叠底"混合模式。添加暗面阴影，在花盘上围绕中心点画出肌理，添加叶脉及花瓣的褶皱。

笔刷： 着墨 - 工作室笔

05 利用淡黄色、白色添加高光，点缀画面。花盘上在受光侧进行点缀即可。暖暖的向日葵瓶花就绘制完成了。

笔刷： 着墨 - 工作室笔

3.1.7 虹之玉

　　虹之玉别名耳坠草，属多年生肉质草本植物，生长速度较快，叶片肉质，呈长椭圆形，互生。在秋冬季节或强光照射下，叶片部分或全部转为鲜红色。

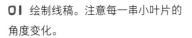

01 绘制线稿。注意每一串小叶片的角度变化。

笔刷： 着墨－干油墨

02 建立色卡，分图层进行基本色平涂。注意多肉每个叶片色彩的变化，不同的色彩要建立不同的图层。

笔刷： 书法－单线

03 打开所有图层的"阿尔法锁定"功能，喷绘出色彩渐变效果、明暗变化和肌理效果。每个小叶片上的颜色变化都比较丰富，注意把笔刷调小一些。

笔刷： 材质－杂色画笔

04 新建图层，设置为"正片叠底"混合模式，添加暗面阴影。

笔刷： 着墨－工作室笔

05 利用白色添加高光，在蝴蝶结的底色图层上添加肌理，这样画面会更加精致。

笔刷： 着墨－工作室笔、纹理－小数

3.2 茂密的灌木丛

灌木丛是在插画中丰富画面层次常用的元素。灌木的类别有很多种，外形规整，可以起到整合画面的作用。灌木的基本形可以在最简单的半圆形基础上不断地进行演变、组合，由简入繁。

利用最简单的半圆形概括出灌木的基本元素，然后让不同大小的基本元素组合，让单独的灌木元素形成灌木丛，布局的时候要注意前后关系与大小变化，一个较大的元素作为主体，另外两个小元素要有大小变化，一左一右，可以形成稳定的三角形构图，这样灌木丛整体看上去会更加舒服、和谐。

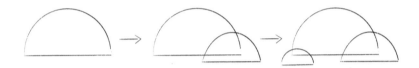

半圆形的基本形边缘可以有不同的变化，这样可以形成不同形态的灌木基本元素，让灌木丛多样化。

半圆形的基本形还可以向内进行切割、剔除，形成更多种类的灌木丛元素。

另外，基本的叶子形态也可以通过重复利用和大小变化组成灌木丛。更多的叶子形态组合在一起，可以形成各式各样的灌木丛。

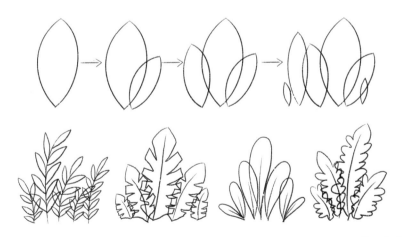

3.2.1 灌木丛1

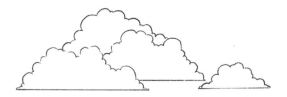

01 勾勒出灌木丛的线稿，要注意灌木元素的前后关系，前面的灌木元素底边靠下，后面的元素底边靠上。元素大小有变化，会让灌木丛看上去更有层次感。右侧的小灌木元素可以起到拉长视线的作用。

笔刷： 着墨 - 干油墨

02 建立色卡，分图层进行基本色平涂。注意区分叶片颜色，颜色尽量使用相近色。

笔刷： 书法 - 单线

> **小贴士**
>
> 填涂颜色的时候，前面的灌木元素颜色要浅一些，依次往后加深，这样可以形成层次感。

03 打开所有图层的"阿尔法锁定"功能，喷绘出明暗变化和肌理效果。加深被灌木元素遮挡的部分，左侧受光面用淡黄色处理，以增强层次感。

笔刷： 材质 - 杂色画笔

04 新建图层，设置为"正片叠底"混合模式。绘制出被遮挡部分的阴影，再用"工作室笔"笔刷绘制出局部叶片的效果，增加灌木丛的细节。

笔刷： 着墨 - 工作室笔

> **小贴士**
>
> 用"工作室笔"笔刷绘制叶片的时候可以由深到浅入笔，这样画出的叶片形态会更加好看、自然。另外，不要全部画上叶片，适当添加，逐层渐少，效果会更自然一些。

> **小贴士**
>
> 地面上可以点缀一些小草，以丰富整体画面，让灌木丛看上去更加自然。

05 在灌木丛边缘用基本色添加外围小叶片，以丰富灌木丛边缘。再利用浅绿色提亮整体灌木丛，以丰富画面内容，体现细节。

笔刷： 着墨 - 工作室笔

3.2.2 灌木丛 2

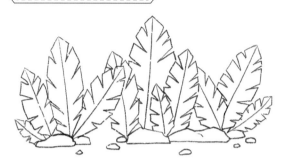

01 勾勒出灌木丛的线稿，可以在底部添加一些石头，让灌木丛看上去更加自然，同时也可以丰富画面内容。

笔刷： 着墨 – 干油墨

02 建立色卡，分图层进行基本色平涂。

笔刷： 书法 – 单线

03 新建图层，添加亮色和暗色，让画面整体具有立体感。在石头上加上相应的阴影。

笔刷： 书法 – 单线

04 打开所有图层的"阿尔法锁定"功能，喷绘出明暗变化和肌理效果。

笔刷： 材质 – 杂色画笔

05 用橡皮擦直接在灌木元素上擦出镂空效果，以丰富整体灌木，增强细节感，注意擦除的时候要有大小变化。地面上还可以用灌木的颜色画出小草，以丰富整体画面。

笔刷： 着墨 – 工作室笔

3.2.3 灌木丛 3

01 建立一个新的画布，用"干油墨"笔刷勾勒出线稿。

笔刷：着墨 – 干油墨

02 建立色卡，分图层进行基本色平涂。

笔刷：书法 – 单线

> **小贴士**
>
> 直接创建椭圆选区并填色，再用矩形选区进行剪切，这样整体造型会更加规整。

03 把橡皮擦调整为"工作室笔"模式，直接在灌木元素上擦拭，让边缘产生变化。

> **小贴士**
>
> 擦除的时候注意长短搭配，避免擦除出的线条长短一致，长短线条结合会让灌木丛更加自然。

04 打开所有图层的"阿尔法锁定"功能，喷绘出明暗变化和肌理效果。

笔刷：材质 – 杂色画笔

> **小贴士**
>
> 利用邻近色进行杂色混色，画面色彩会更加丰富，同时又不会显得很突兀。绿色的邻近色是黄色和蓝色。

05 加入黄、紫色调，让画面的色彩层次感更强，用更深的绿色表现出前后关系。

笔刷：材质 – 杂色画笔

06 新建图层，设置为"正片叠底"混合模式。画出灌木的枝干，让灌木更加精细。地面上可以画出长短线条，以丰富整体效果，灌木丛元素绘制完成。

笔刷：着墨 – 工作室笔

3.3 挺拔的小树

树木是插画中最常见的一种环境元素，它的种类繁多，造型多变，在画面中不仅可以丰富画面背景，还可以起到协调画面的作用。树木在绘制过程中一般表现其干、枝、冠，有时也会表现其根、花、果实。

一棵简单的小树可以用最简单的线和面组合而成。锥形的树干由粗到细，直线的分枝从下到上逐渐变短，分枝上左右可以分出小枝，这样枝杈会变得更加丰富。最后加上整体的树冠，一棵简单的小树草稿就画好了。

叶子部分可以有多种变化，可以根据分枝来分部绘制树冠，这样小树看上去会更加茂盛。

树木的枝干一般是由粗变细的，在绘制树干时，要注意上侧枝干不要粗于下侧枝干，下图（左）所示为正确示例，下图（右）所示为错误示例。

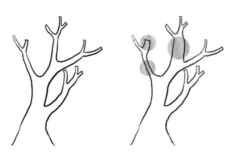

3.3.1 柏树

柏树属乔木，四季常青，树皮呈淡灰褐色，具有线状肌理，小枝细长，树姿端庄，树冠较大。

01 建立一个新的画布，用"干油墨"笔刷勾勒出线稿，树冠用半圆形概括，大小要有变化，注意组合方式，要体现出前后的遮挡关系。简单画出树干的线条纹理，要注意纹理的长短变化。

笔刷： 着墨 - 干油墨

02 建立色卡，分图层进行基本色平涂。

笔刷： 书法 - 单线

> **小贴士**
>
> 为树冠填涂颜色的时候，可依次往后加深，以形成层次感。

03 打开所有图层的"阿尔法锁定"功能，左侧为受光面，喷绘出色彩渐变效果和肌理效果。

笔刷： 材质 - 杂色画笔

04 新建图层，设置为"正片叠底"混合模式。用"工作室笔"笔刷绘制出叶子的形态和树干的纹理，增加树冠的细节。

笔刷：着墨 - 工作室笔

> **小贴士**
>
> 用"工作室笔"笔刷绘制叶子的时候可以由半圆中心点向外扩散去画，要形成规律，这样树冠的形态会更好看。树干的纹理要有粗有细，有长短变化，这样效果会更加自然。

05 在树冠上利用浅绿色画一些小叶子，以提亮画面，增强层次感。树干上可以用浅色适当添加一些短线，以丰富肌理，提亮树干。在树根部分添加不规则图形，加上小草，使整体更加完整、美观。

笔刷：着墨 - 工作室笔

3.3.2 桃树

桃树属蔷薇科落叶小乔木，树皮呈暗灰色，随年龄增长会出现裂缝。花单生，多呈淡粉、深粉或红色，有时呈白色，早春开花。

01 建立一个新的画布，用"干油墨"笔刷勾勒出线稿，注意树干和枝杈的形态要绘制得自然流畅一些。花朵部分可以用不同大小的圆来概括，注意要分组绘制。

笔刷：着墨 – 干油墨

> **小贴士**
>
> 添加一些小石头，这样画面看上去会更加轻松、和谐。

02 建立色卡，分图层进行基本色平涂。

笔刷：书法 – 单线

03 打开所有图层的"阿尔法锁定"功能，左侧为受光面，喷绘出色彩渐变效果和肌理效果。注意花朵部分的颜色由内到外逐渐变浅。

笔刷：材质 – 杂色画笔

04 新建图层，设置为"正片叠底"混合模式。用"工作室笔"笔刷绘制出树干的纹理和石头的明暗关系。

笔刷：着墨 - 工作室笔

05 利用浅色在树干受光面适当添加一些短线，以丰富肌理，提亮树干。石头可以进行同样的处理。地面上可以加上小草，这样画面会更加生动。

笔刷：铅笔 / 干油墨

3.3.3 松树

松树是松属植物，轮状分枝，针叶细长成束，树冠蓬松，且木质非常坚固，寿命很长。

01 建立一个新的画布，用"干油墨"笔刷勾勒出线稿，注意树冠分层由上到下逐渐变宽，呈阶梯状。

笔刷：着墨 - 干油墨

小贴士

冬天的松树依然是绿色的，因此表现冬天的松树会更有特点。可以在松树下方添加一些积雪，以体现细节。

02 建立色卡，分图层进行基本色平涂。

笔刷：书法 - 单线

03 打开所有图层的"阿尔法锁定"功能，左侧为受光面，喷绘出色彩渐变效果、明暗变化和肌理效果。受光面及每层树冠下部可以加入淡蓝色渐变效果，绘制出积雪的初步效果。

笔刷：材质 - 杂色画笔

04 新建图层，设置为"正片叠底"混合模式。在树冠下方被遮挡部分用"工作室笔"笔刷绘制出阴影效果，积雪被遮挡部分也画出明暗关系。

笔刷：着墨 – 工作室笔

小贴士

将笔刷调到合适的大小后再进行喷绘，笔刷太小，积雪会显得过于繁乱。

05 在树冠上用"轻触"笔刷喷绘出积雪的肌理效果，增添冬天的氛围，让画面更加丰富，有细节。在地面上画出积雪和松树的投影，完善画面。

笔刷：喷漆 – 轻触

第4章
插画元素：可爱动物

动物可分为无脊椎动物和脊椎动物，也可分为水生动物、陆生动物和两栖动物，还可以分为有羽毛动物和无羽毛动物。动物种类繁多，形态各异。本章将介绍各种动物的绘制方法。

4.1 呆萌的小狗

狗是生活中非常常见的动物，它们是人类的好朋友。在插画中，狗可以作为主角，也可以作为配角。它们能为画面增添很多趣味，也能让画面更加生动活泼。

4.1.1 西伯利亚雪橇犬

西伯利亚雪橇犬是一种古老的犬种，别名哈士奇，这个别名源自其独特的嘶哑叫声。哈士奇性格活泼，比较温顺，成为一种流行于全球的宠物犬。

01 勾勒出线稿，注意用小短线表现出毛的质感。
笔刷：着墨 – 干油墨

02 建立色卡，分图层进行基本色平涂。注意区分面部颜色。
笔刷：书法 – 单线

03 打开所有图层的"阿尔法锁定"功能，喷绘出明暗变化和肌理效果。黑色部分的亮色用黄色调，这样可以增强颜色的层次感。

笔刷：材质 – 杂色画笔

04 新建图层，设置为"正片叠底"混合模式。绘制出阴影部分，表现出胸前和尾部毛的质感。

笔刷：着墨 – 工作室笔

小贴士

在画明暗关系的时候，要注意身体被遮挡的部分也需要添加投影，如身体和尾巴被前腿遮住的部分。

05 整体添加高光，在眼睛上添加白色光点，让眼睛更有神。身体边缘部分可少量添加浅色线条，以丰富画面，提亮点缀。

笔刷：着墨 – 工作室笔

4.1.2 金毛寻回犬

金毛寻回犬因打猎时能帮主人衔回猎物而得名。这种犬性情友善、热情、机警、自信，而且不怕生，性格讨人喜欢。金毛寻回犬最早是一种寻回猎犬，大多作为导盲犬与宠物狗，它们对小孩子十分友善，智商也很高。

01 勾勒出线稿，金毛寻回犬的毛比较长，因此在绘制时可以多用长短线结合的方式来体现毛的质感。

笔刷： 着墨－干油墨

02 建立色卡，分图层进行基本色平涂。注意耳朵边缘部分的处理方式，要体现出毛的质感。

笔刷： 书法－单线

03 打开所有图层的"阿尔法锁定"功能，喷绘出明暗变化和肌理效果。面部中央也添加一些渐变效果，以丰富面部色彩。

笔刷： 材质－杂色画笔

04 新建图层，设置为"正片叠底"混合模式。绘制出阴影部分，短线可以增强毛的质感。

笔刷： 着墨－工作室笔

05 用浅色将画面整体提亮，嘴的部分可以用点来丰富，添加高光，增强质感。

笔刷： 着墨－工作室笔

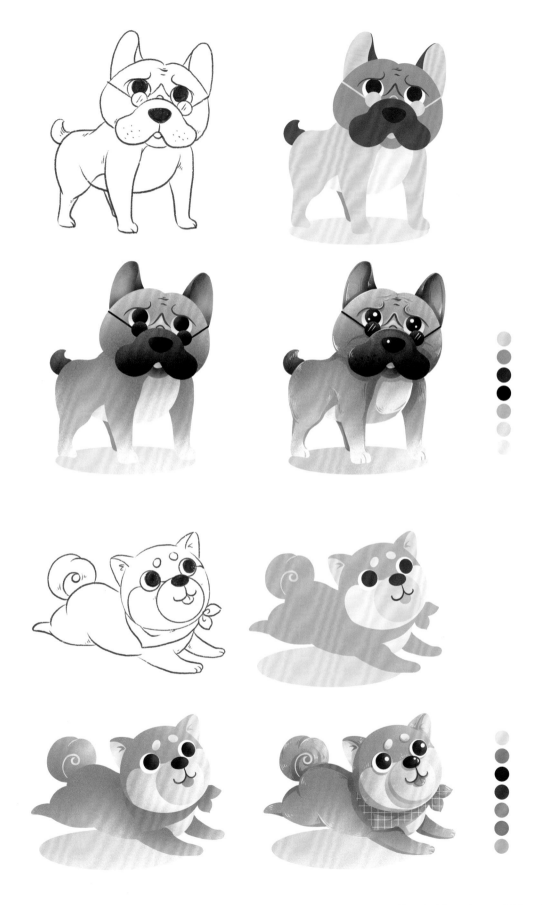

4.2 唱歌的小鸟

鸟类属于脊椎动物，全世界已发现的鸟类超过一万种，它们有着各种颜色的羽毛，尖尖的喙，能够让它们翱翔在天空的翅膀和掌握平衡的尾巴。它们的体态轻盈，是插画师非常喜欢表现的题材之一。

4.2.1 巨嘴鸟

"巨嘴鸟"这个名字是根据这种鸟大大的嘴巴命名的。巨嘴鸟主要分布在非洲和亚洲的热带雨林地区。要想画好巨嘴鸟，只要抓住它的特点——大大的嘴巴就可以了。

01 勾勒出线稿，注意要夸张表现巨嘴鸟嘴巴大的特征。身形可以用半圆形来概括，这样巨嘴鸟整体会显得更加卡通、可爱。
笔刷： 着墨 – 干油墨

02 建立色卡，分图层进行基本色平涂。尽量选择鲜艳一些的橙色进行绘制。
笔刷： 书法 – 单线

03 打开所有图层的"阿尔法锁定"功能，喷绘出明暗变化和肌理效果。黑色部分的亮色用黄色调，这样可以增强颜色的层次感。

笔刷： 材质－杂色画笔

04 新建图层，设置为"正片叠底"混合模式。用"工作室笔"笔刷绘制身体、树干与树叶的阴影部分，利用短弧线绘制出羽毛的效果，注意短弧线的长短变化。

笔刷： 着墨－工作室笔

小贴士

在画明暗关系的时候，要注意身体被遮挡的部分需要添加投影，如身体被翅膀遮住的部分、树干被巨嘴鸟身体遮住的部分。

05 整体添加高光，在大大的嘴巴上用白色线条进行提亮，羽毛的亮面用淡黄色表现，尾巴上可以用黄色，以丰富身体的色彩；树干可以利用浅色来加强肌理效果。这样一只萌萌的巨嘴鸟就绘制完成了。

笔刷： 着墨－工作室笔

4.2.2 相思鸟

相思鸟栖息于平原及海拔 1000 米的小丘，活动于常绿阔叶林、灌木丛和竹丛间。相思鸟的羽衣华丽，姿态优美，鸣声悦耳，深受人们喜爱。

01 绘制出相思鸟的线稿，搭配树枝可以让画面更加协调，头顶和胸前翘起的小羽毛可以增强相思鸟形象的趣味性。树干可以用规律的短线来装饰。
笔刷：着墨－干油墨

02 建立色卡，分图层进行基本色平涂。注意，叶子的颜色要分图层。
笔刷：书法－单线

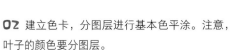

03 打开所有图层的"阿尔法锁定"功能，喷绘出明暗变化和肌理效果，以增强颜色的层次感。叶子部分可以添加一些鸟身上的黄色作为环境色，以丰富整体色彩。
笔刷：材质－杂色画笔

04 新建图层，设置为"正片叠底"混合模式。绘制出阴影部分，利用短线增强羽毛的质感，画出叶子的叶脉与树干的肌理。

笔刷： 着墨－工作室笔

05 整体添加高光。在眼睛上添加一大一小两个白色圆形，画出高光，让眼睛更有神。羽毛部分用白色添加亮面。

笔刷： 着墨－工作室笔

> **小贴士**
>
> 小短线可以增强羽毛的质感。树干和叶子可用浅色来提亮。短线可以丰富画面，同时增强画面的细腻感。

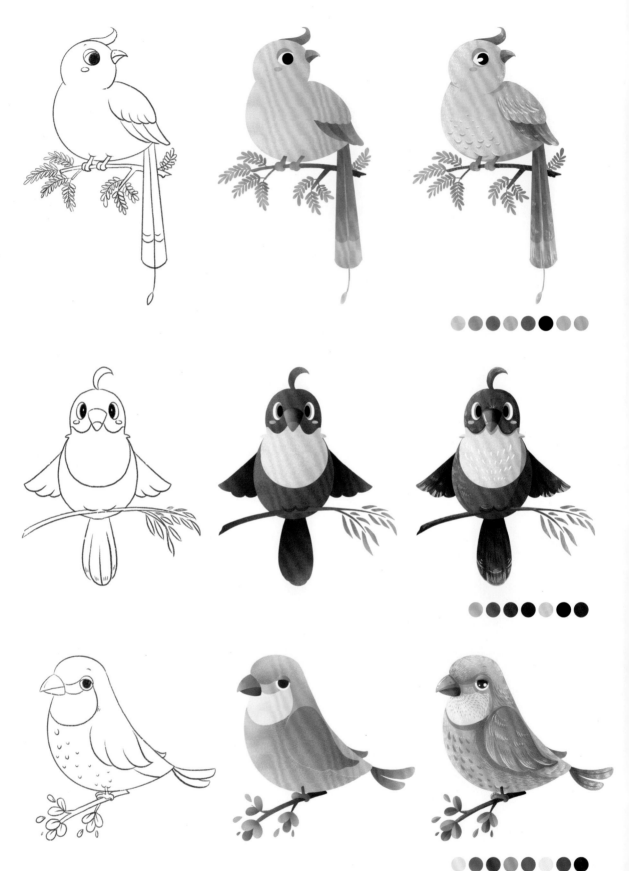

4.3 其他小动物

4.3.1 赤狐

　　赤狐的毛色因季节和地区不同会有较大的差异，一般背部呈棕灰或棕红色，腹部呈白色或黄白色，尾尖呈白色。赤狐的听觉、嗅觉发达，性情狡猾，行动敏捷，喜欢单独活动。

01 勾勒出赤狐的线稿，赤狐整体可以概括成一个椭圆形，注意区分头部、身体与尾巴。

笔刷：着墨 - 干油墨

02 建立色卡，分图层进行基本色平涂。身体可以先统一成一个颜色，后期再进行结构的区分。

笔刷：书法 - 单线

03 打开所有图层的"阿尔法锁定"功能，喷绘出明暗变化和肌理效果。受光面可以添加一些黄色，这样整体色彩会更加温暖。

笔刷：材质 - 杂色画笔

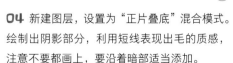

04 新建图层，设置为"正片叠底"混合模式。绘制出阴影部分，利用短线表现出毛的质感，注意不要都画上，要沿着暗部适当添加。

笔刷：着墨 - 工作室笔

05 整体添加高光，浅色的短线要沿着身体结构的边缘进行添加，以增强毛的层次感，同时提亮画面。

笔刷：着墨 - 工作室笔

4.3.2 南极帝企鹅

帝企鹅也称皇帝企鹅，是企鹅家族中个体最大的物种，其形态特征是脖子底下有一片橙黄色羽毛，向下颜色逐渐变淡，耳朵后部颜色最深。初生的小帝企鹅浑身毛茸茸的，灰黄色，瞪着一对带内圈的小眼睛，走起路来左摇右摆，非常可爱。

01 根据企鹅的外形特点绘制出线稿，张开的嘴巴让小企鹅显得更加可爱。在绘制小企鹅的身体时，要注意头和身体衔接处线条的内收变化。
笔刷：着墨－干油墨

02 建立色卡，分图层进行基本色平涂。灰色为主色调，注意身体的灰色与翅膀的灰色要区分开。
笔刷：书法－单线

03 打开所有图层的"阿尔法锁定"功能，喷绘出明暗变化和肌理效果。肚皮部分可以用淡黄色进行喷绘，这样整体感觉会更暖。
笔刷：材质－杂色画笔

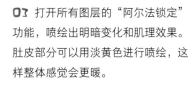

04 新建图层，设置为"正片叠底"混合模式。绘制出阴影部分。
笔刷：着墨－工作室笔

05 整体添加高光，用深色短线画暗部，用浅色画亮部，这样可以让小企鹅表现出一种毛茸茸的感觉。
笔刷：着墨－工作室笔

4.3.3 斑马

斑马因身上有起保护作用的斑纹而得名。斑马周身的条纹非常特别，和人类的指纹一样，没有任何两头斑马的条纹是完全相同的。

01 绘制出斑马的线稿，可以为斑纹部分填涂上黑色，便于观察整体效果。注意斑马四肢与身体的穿插关系，绘制斑纹时要注意长短变化。

笔刷： 着墨 – 干油墨

02 建立色卡，分图层进行基本色平涂。灰色与黑色是主体色。

笔刷： 书法 – 单线

03 打开所有图层的"阿尔法锁定"功能，喷绘出明暗变化和肌理效果。灰色部分可以添加一些暖黄色。

笔刷： 材质 – 杂色画笔

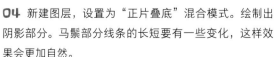

04 新建图层，设置为"正片叠底"混合模式。绘制出阴影部分。马鬃部分线条的长短要有一些变化，这样效果会更加自然。

笔刷： 着墨 – 工作室笔

05 整体添加高光，眼睛的亮光在一侧，马蹄部分用弧线和点画出高光。局部也可以添加一些高光，这样画面会更加丰富。

笔刷： 着墨 – 工作室笔

第 5 章
插画元素：常见静物

静物是指静止的绘画对象，如美食果饮、茶壶器具、家装物品等，在生活中非常常见。它们可以作为单独的插画元素来绘制，也可以作为背景元素来丰富生活场景类插画的内容，使画面更加饱满、完善，富有细节。

5.1 美味甜品

甜品种类繁多,如各式各样的蛋糕、美味可口的冰淇淋等。添加各色水果、糖类、巧克力等,甜品会更加诱人,且层次感丰富。下面讲解如何表现可口的甜品。

用几何图形可以概括出几种甜品的外形,在外形基础上进行细化并添加元素,就可以绘制出甜品的基础造型。

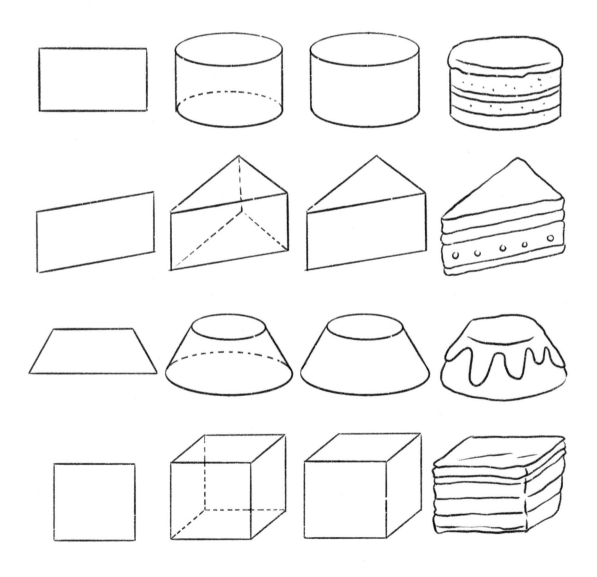

5.1.1 蓝莓蛋糕

01 勾勒出线稿，注意蓝莓部分的遮挡关系，旁边可以添加小叉子，以丰富画面。

笔刷： 着墨 – 干油墨

02 建立色卡，分图层进行基本色平涂。主体色偏紫色调，注意要用深浅不同的颜色来区分蓝莓的边缘。

笔刷： 书法 – 单线

03 打开所有图层的"阿尔法锁定"功能，喷绘出明暗变化和肌理效果。在蛋糕上方奶油的中心区域加深。

笔刷： 材质 – 杂色画笔

04 新建图层，设置为"正片叠底"混合模式，绘制出阴影部分。画出叶子的叶脉。

笔刷： 着墨 – 工作室笔

05 整体添加高光和细节。沿着奶油边缘添加不规则白色面，让奶油更有质感。

笔刷： 着墨 – 工作室笔

小贴士

在蓝莓上添加点状高光，可以提升蓝莓的光泽感。在巧克力棒上加上浅色纹理，画面的细节感会更强。

5.1.2 厚多士

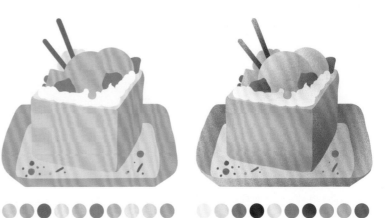

01 勾勒出线稿，注意表现出面包的立体感，以及奶油、冰淇淋球与水果的遮挡关系。

笔刷： 着墨－干油墨

02 建立色卡，分图层进行基本色平涂。以土黄色为主色调，注意用颜色区分盘子的盘底与盘边。

笔刷： 书法－单线

03 打开所有图层的"阿尔法锁定"功能，喷绘出明暗变化和肌理效果。

笔刷： 材质－杂色画笔

04 新建图层，设置为"正片叠底"混合模式。绘制出阴影部分和肌理，冰淇淋球上可以用点来表现肌理，在面包上添加十字线，表现纹理效果。

笔刷： 着墨－工作室笔

05 在受光面添加高光，并用白色在冰淇淋球上添加一些糖粉，以增强质感。

笔刷： 着墨－工作室笔

5.2 可口饮品

5.2.1 夏日檬动

01 勾勒出线稿，注意杯子与果饮小元素的透视关系，绘制小元素的时候要体现出大小变化和遮挡关系。杯子下方的杯垫和小青柠可以使画面看上去更加平稳一些。

笔刷： 着墨 – 干油墨

02 以果汁的颜色为主色调，建立色卡，分图层进行基本色平涂。注意图层的前后关系。

笔刷： 书法 – 单线

03 打开所有图层的"阿尔法锁定"功能，喷绘出明暗变化和肌理效果。注意用深浅不同的颜色区分冰块与玻璃。

笔刷： 材质 – 杂色画笔

04 新建图层，设置为"正片叠底"混合模式。绘制出阴影部分和叶子的脉络。注意在绘制冰块时，要用浅色画出边缘，以体现冰块不同的面和质感。

笔刷：着墨 – 工作室笔

小贴士

叶子和柠檬内瓤可以用细线进行精细的描绘，这样能增强画面的细节感。

05 整体添加高光，饮料中可以添加大小不同的圆点作为气泡，以提升果饮的质感，同时在杯子上部绘制出饮料的边缘线，让小元素包含在饮料中，清爽的果饮就绘制完成了。

笔刷：着墨 – 工作室笔、纹理 – 小数

小贴士

添加纹理可以丰富画面，增强画面的层次感。

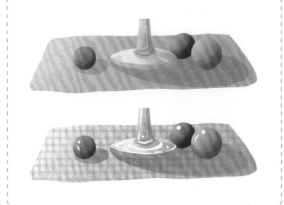

5.2.2 雪顶果汁

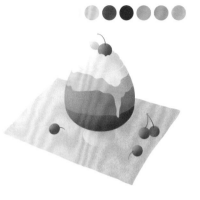

01 勾勒出线稿。添加餐垫和散落的小樱桃，以丰富画面。

笔刷： 着墨 – 干油墨

02 建立色卡，分图层进行基本色平涂。注意勾勒出杯口的边线。

笔刷： 书法 – 单线

03 打开所有图层的"阿尔法锁定"功能，喷绘出明暗变化和肌理效果。

笔刷： 材质 – 杂色画笔

04 新建图层，设置为"正片叠底"混合模式，绘制出阴影部分。添加布纹，以丰富画面。

笔刷： 着墨 – 工作室笔、纹理 – 对角线

05 整体用白色添加高光部分。注意为奶油部分添加高光时需要绘制得细致一些，以增强质感。

笔刷： 着墨 – 工作室笔

5.3 日常料理

5.3.1 芦笋熏鱼

01 勾勒出线稿，在主体食物外添加一些小元素会使整体画面更加丰富，构图更加完整。

笔刷：着墨 – 干油墨

02 建立色卡，分图层进行基本色平涂。因为元素比较丰富，所以一定要注意对色彩进行区分，便于后期添加效果。

笔刷：书法 – 单线

03 打开所有图层的"阿尔法锁定"功能，喷绘出明暗变化和肌理效果。局部可以添加淡黄色渐变效果，以丰富整体色调。

笔刷：材质 – 杂色画笔

04 新建图层，设置为"正片叠底"混合模式。绘制出阴影部分和鱼肉的纹理，以体现质感。

笔刷： 着墨－工作室笔

小贴士

在表现鱼肉的纹理质感时，要注意粗细变化、长短变化，不要形成太僵硬的相同纹样。

05 整体添加高光部分。用白色笔刷画出盘子和桌垫的纹样，丰富整体画面，添加细节。

笔刷： 着墨－工作室笔

5.3.2 蛋包饭

01 勾勒出线稿，用一些短线和简单的纹样装饰一下盘子和餐垫，体现画面细节。

笔刷：着墨 - 干油墨

02 建立色卡，分图层进行基本色平涂。用盘子的色彩分隔开食物与餐垫的颜色。

笔刷：书法 - 单线

03 打开所有图层的"阿尔法锁定"功能，喷绘出明暗变化和肌理效果。处理小蓝莓时要把笔刷调小。

笔刷：材质 - 杂色画笔

04 新建图层，设置为"正片叠底"混合模式，绘制出阴影部分。在图层数量允许的情况下，可以分层进行阴影填涂，或者利用剪辑蒙版添加投影。

笔刷：着墨 - 工作室笔

05 整体添加高光，绘制出盘子和餐垫的纹样，以丰富画面。

笔刷：着墨 - 工作室笔、纹理 - 小数

小贴士

别忘记为可口的草莓点上小麻点，让它更精致哦！

5.4 实用水壶

　　水壶是生活中很常见的物品，在插画中一般作为装点画面的小元素出现。一般水壶都是立体造型，因此在绘画的时候一定要注意它们的透视关系。下面讲解一下如何把握立体图形的透视关系。

　　对基础图形如矩形、梯形、圆形等进行立体图形变换，然后找到中轴线，沿中轴线叠加大小不同的同类立体图形，注意透视关系，看不见的部分用虚线表示，最后把看不见的部分擦除，就可以得到不同形状的水壶了。

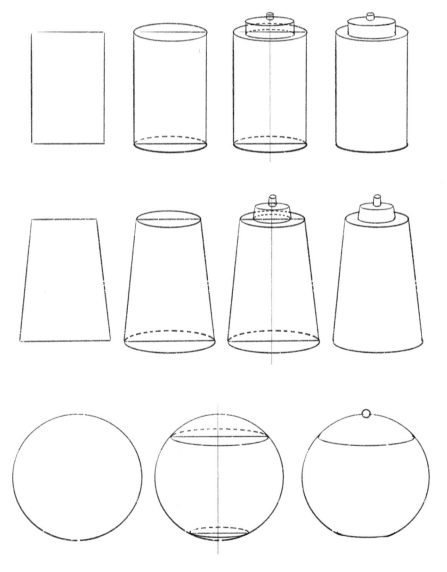

01 勾勒出线稿。概括出整体茶壶的外形，壶盖与壶身的弧线要保持相同的弧度。

笔刷： 着墨 – 干油墨

02 建立色卡，分图层进行基本色平涂。注意要用深浅不同的颜色来区分壶盖不同的面。

笔刷： 书法 – 单线

03 打开所有图层的"阿尔法锁定"功能，喷绘出明暗变化和肌理效果。可以在亮面加入黄色渐变效果，让画面形成冷暖对比，以增强画面的层次感。

笔刷： 材质 – 杂色画笔

04 新建图层，设置为"正片叠底"混合模式，绘制出阴影部分。

笔刷： 着墨 – 工作室笔

05 整体添加高光并丰富纹样，体现画面细节，注意装饰纹样图层要放在投影图层的下方，这样才能叠加投影效果。

笔刷： 着墨 – 工作室笔

5.4.2 子母壶

01 勾勒出线稿。用圆形概括出壶的主体部分，再添加壶嘴、壶把手等组成部分，完成线稿。

笔刷： 着墨 – 干油墨

02 建立色卡，分图层进行基本色平涂。注意壶嘴、壶把手与壶体要分图层上色。

笔刷： 书法 – 单线

03 打开所有图层的"阿尔法锁定"功能，喷绘出明暗变化和肌理效果。壶嘴与壶把手靠近壶体处的颜色要深一些。

笔刷： 材质 – 杂色画笔

04 新建图层，设置为"正片叠底"混合模式，绘制出阴影部分，注意壶体的阴影要根据球体的结构来画。同时绘制出装饰条纹。

笔刷： 着墨 – 工作室笔

05 整体添加高光，点缀一些白色线条与圆点，以丰富壶体，增强细节感。

笔刷： 着墨 – 工作室笔

5.5 咖啡小世界

咖啡浓香四溢，而制作咖啡的器具也非常讲究，包括古朴的手摇式咖啡磨豆器、便捷的电动咖啡机、咖啡过滤器、漂亮的咖啡壶等。在咖啡的世界里可供绘画的题材非常多。

5.5.1 手摇式咖啡磨豆器

01 勾勒出线稿。可以添加几颗咖啡豆，以丰富画面。

笔刷： 着墨 - 干油墨

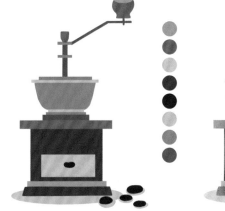

02 建立色卡，分图层进行基本色平涂。灰色调与棕色调为主色调，相同色系的颜色用不同的明度来区分。

笔刷： 书法 - 单线

03 打开所有图层的"阿尔法锁定"功能，喷绘出明暗变化和肌理效果。注意要在摇杆的中间部分进行浅色喷涂。

笔刷： 材质 - 杂色画笔

04 新建图层，设置为"正片叠底"混合模式，绘制出阴影部分。

笔刷： 着墨 - 工作室笔

小贴士

在主体部分绘制斜角阴影，可以制作出更明显的光感效果。

05 整体添加高光。添加 coffee 字样，以丰富画面。

笔刷： 着墨 - 工作室笔

01 勾勒出线稿，注意底座的透视关系。

笔刷：着墨 – 干油墨

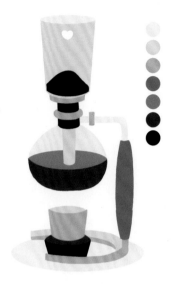

02 建立色卡，分图层进行基本色平涂。注意咖啡顶面与侧面的颜色区分。

笔刷：书法 – 单线

03 打开所有图层的"阿尔法锁定"功能，喷绘出明暗变化和肌理效果。注意表现玻璃的质感，添加颜色时过渡效果要明显一些，要与玻璃内元素的颜色形成反差。

笔刷：材质 – 杂色画笔

04 新建图层，设置为"正片叠底"混合模式。绘制阴影。注意玻璃部分要用纵向的线来表现玻璃质感，线条要有粗细变化。水纹在椭圆形液面上绘制。

笔刷：着墨 – 工作室笔

05 整体添加高光并装饰细节，将橡皮擦调整为"杂色画笔"模式，降低不透明度后擦出玻璃的高光，让高光更加自然。

笔刷：着墨 – 工作室笔、材质 – 杂色画笔

5.6 家用电器

在日常生活中，家用小电器是必不可少的，如电水壶、电熨斗、电饭煲、电吹风等。它们不仅为人们的生活提供了方便，也为插画世界提供了很多元素。在以温暖家庭为主题绘制插画的时候，可以用它们来丰富厨房、客厅等。

5.6.1 家用电水壶

01 勾勒出电水壶的线稿，注意壶体与加热器两部分结构的衔接方式。

笔刷： 着墨 – 干油墨

02 建立色卡，分图层进行基本色平涂。黄色调与灰色调为主色调，注意按钮等细节要分图层绘制。

笔刷： 书法 – 单线

03 打开所有图层的"阿尔法锁定"功能，喷绘出明暗变化和肌理效果。玻璃壶体与液体部分的色彩要区分开。

笔刷： 材质 – 杂色画笔

04 新建图层，设置为"正片叠底"混合模式，绘制出阴影部分。添加一些短线，以丰富局部效果。

笔刷： 着墨 – 工作室笔

小贴士

在玻璃壶身上部添加投影，受光面可以用"杂色画笔"模式的橡皮擦轻轻擦出，让投影更加自然一些。

05 整体添加高光，在水中添加一些小气泡，增加一些细节。

笔刷： 着墨 – 工作室笔

5.6.2 家用电烤箱

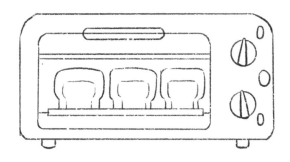

01 勾勒出线稿。整体用长方体概括，4 个角用圆润的弧线连接起来。

笔刷：着墨 - 干油墨

02 建立色卡，分图层进行基本色平涂。面包片要利用同色系不同明度的颜色来区分边缘，外深内浅，差别可以大一些。

笔刷：书法 - 单线

03 打开所有图层的"阿尔法锁定"功能，喷绘出明暗变化和肌理效果。左上角添加淡黄色，与绿色箱体形成渐变效果，以丰富整体色彩。

笔刷：材质 - 杂色画笔

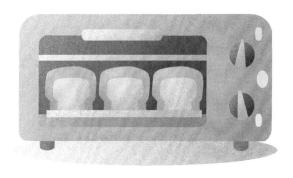

04 新建图层，设置为"正片叠底"混合模式，绘制出阴影部分。注意烤箱玻璃门上的投影要沿着对角线绘制出来。

笔刷：着墨 - 工作室笔

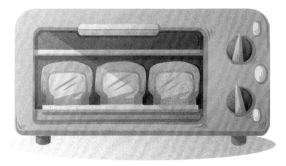

05 整体添加高光，用白色线条表现出玻璃质感，线条两侧可以利用橡皮擦（选择"材质 - 杂色画笔"）轻轻擦拭，这样效果会更加自然。

笔刷：着墨 - 工作室笔

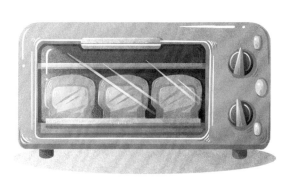

5.6.3 家用早餐机

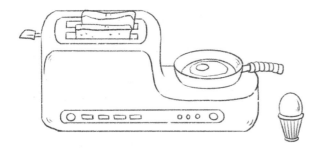

01 勾勒出早餐机的线稿，早餐机由两个高低不同的正方体结合而成。旁边可以添加一个鸡蛋，以丰富画面。面包和煎蛋可以体现电器的功能。

笔刷：着墨 – 干油墨

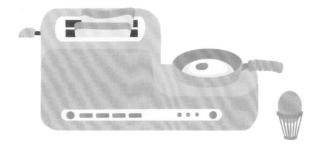

02 建立色卡，分图层进行基本色平涂。注意煎蛋锅与早餐机灰色的区分。

笔刷：书法 – 单线

03 打开所有图层的"阿尔法锁定"功能，喷绘出明暗变化和肌理效果。注意在煎蛋下部添加深色渐变效果，以凸显简单的白色蛋清部分。

笔刷：材质 – 杂色画笔

04 新建图层，设置为"正片叠底"混合模式，绘制出阴影部分。利用短线细化物体边角，在煎蛋锅把手上画出肌理效果。

笔刷：着墨 – 工作室笔

05 整体添加高光。按键上的高光尽量一致、简洁。

笔刷：着墨 – 工作室笔

5.7 舒服的沙发

沙发作为家庭的必需品，是插画中常见的素材。沙发的种类繁多，有单人沙发、双人沙发、贵妃榻等。不同的沙发有着不同的材质与外形，在绘制时要表现出柔软舒适的感觉。

5.7.1 单人沙发

01 勾勒出沙发的线稿，注意沙发的两个面要用弧线来衔接，并表现出一定的厚度；4 个椅腿都可以看到，但不要画在同一水平线上。

笔刷： 着墨 – 干油墨

02 建立色卡，分图层进行基本色平涂。以棕色调为主色调。

笔刷： 书法 – 单线

03 打开所有图层的"阿尔法锁定"功能，喷绘出明暗变化和肌理效果。选择深浅不同的棕色，利用"杂色画笔"笔刷喷绘出明暗变化，亮面可用淡黄色绘制。

笔刷： 材质 – 杂色画笔

04 新建图层，设置为"正片叠底"混合模式，绘制出阴影部分和沙发上的装饰线条。

笔刷： 着墨 – 工作室笔

05 整体添加高光。沙发上可以添加短线条，以丰富画面，注意沿着轮廓进行添加。

笔刷： 着墨 – 工作室笔

小贴士

沙发边缘的提亮线条要根据沙发的结构和轮廓绘制。

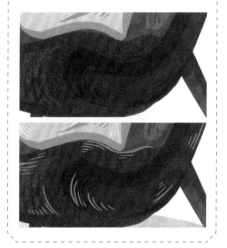

5.7.2 双人沙发

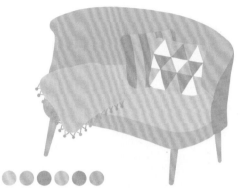

O1 勾勒出沙发的线稿，注意沙发靠背的弧度，沙发上的毯子、靠垫可以丰富画面。

笔刷：着墨 - 干油墨

O2 建立色卡，分图层进行基本色平涂。选择粉色调与黄色调作为主色调。

笔刷：书法 - 单线

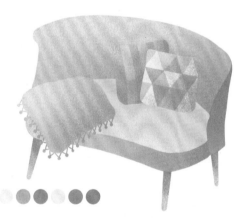

O3 打开所有图层的"阿尔法锁定"功能，喷绘出明暗变化和肌理效果。绘制大面积区域时笔刷可以调大一些，小面积区域如椅腿部分笔刷可以调小一些。

笔刷：材质 - 杂色画笔

O4 新建图层，设置为"正片叠底"混合模式，绘制出阴影部分。沙发坐垫部分的阴影可以用弧线绘制，这样能表现坐垫的柔软质感。

笔刷：着墨 - 工作室笔

O5 整体添加高光。注意沙发靠背上的纽扣装饰也要点缀上高光，这样会更有质感。

笔刷：着墨 - 工作室笔

小贴士

沙发靠背部分要注意添加细节高光，这样沙发会更有质感。

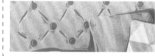

5.7.3 扶手沙发

01 勾勒出沙发的线稿，注意沙发椅靠背与扶手的连接方式与空间感，椅垫部分的边角要圆润一些。

笔刷：着墨－干油墨

02 建立色卡，分图层进行基本色平涂。选择灰色调作为主色调，靠垫用暖色绘制，要与沙发的色彩区分开。

笔刷：书法－单线

03 打开所有图层的"阿尔法锁定"功能，喷绘出明暗变化和肌理效果。亮面用淡黄色绘制，以丰富画面色彩。

笔刷：材质－杂色画笔

04 新建图层，设置为"正片叠底"混合模式，绘制出阴影部分。椅垫部分的阴影要沿椅垫外形去绘制。

笔刷：着墨－工作室笔

05 整体添加高光，注意椅腿的细节表现。可以在沙发与投影的亮面添加一些暖黄色的环境光，以丰富画面色彩。

笔刷：着墨－工作室笔

第6章
插画元素：交通工具与建筑

交通工具与建筑是城市场景插画中常见的元素。交通工具作为现代人生活中不可或缺的一部分，其种类繁多，丰富了城市的景观。建筑作为城市的主要构成元素，其形式多种多样，可以丰富场景插画的画面。

6.1 交通工具

交通工具是城市场景插画中非常常见的元素，它的种类繁多，有环保的自行车、快捷的电动车、舒适的小轿车等。

6.1.1 电动自行车

01 勾勒出自行车的线稿，注意轮胎与车体的衔接方式，两个轮胎要在同一水平线上。

笔刷： 着墨－干油墨

02 建立色卡，分图层进行基本色平涂。注意车体颜色要尽量统一。

笔刷： 书法－单线

03 打开所有图层的"阿尔法锁定"功能，喷绘出明暗变化和肌理效果。加深车筐部分侧面与下部的颜色，以表现出立体感，注意星星图案的颜色渐变效果要单独添加。

笔刷： 材质－杂色画笔

04 新建图层，设置为"正片叠底"混合模式，绘制出阴影部分。车体的阴影要沿边缘绘制，注意添加细节线。

笔刷： 着墨 – 工作室笔

> **小贴士**
>
> 轮胎上注意添加细节纹路，这样车轮会更有质感。
>
>

05 整体添加高光。轮胎上可以用短线绘制一些高光，以体现车轮的质感。车身部分可以通过长线和点来体现金属质感。

笔刷： 着墨 – 工作室笔

> **小贴士**
>
> 在绘制车筐格纹时，首先选中车筐图层，然后利用"纹理 – 网格"笔刷绘制两次，第二次绘制时稍微错开一些。绘制格纹可以增强车筐质感，丰富画面细节。
>
>

6.1.2 复古老爷车

01 勾勒出老爷车的线稿。整体可以概括为半圆形,注意添加方向盘、反光镜等细节。

笔刷:着墨 – 干油墨

02 以黄色调为主色调,建立色卡,分图层进行基本色平涂。

笔刷:书法 – 单线

03 打开所有图层的"阿尔法锁定"功能,喷绘出明暗变化和肌理效果。注意要用深浅不同的颜色来区分车体结构线。

笔刷:材质 – 杂色画笔

04 新建图层,设置为"正片叠底"混合模式,绘制出阴影部分。同时绘制出轮毂部分,并表现出玻璃的光感。

笔刷:着墨 – 工作室笔

05 整体添加高光,用白色长线条表现玻璃质感,注意线条的长短要有变化。

笔刷:着墨 – 工作室笔

6.1.3 直升机

01 勾勒出直升机的线稿。

笔刷：着墨 – 干油墨

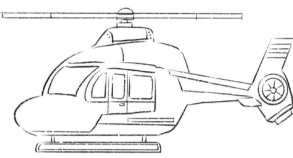

02 建立色卡，分图层进行基本色平涂。

笔刷：书法 – 单线

03 打开所有图层的"阿尔法锁定"功能，喷绘出
明暗变化和肌理效果。灰色部分和玻璃部分可以
选择暖黄色进行喷涂，以增强层次感。

笔刷：材质 – 杂色画笔

04 新建图层，设置为"正片叠底"混合模式，
绘制出阴影部分。在玻璃窗上添加光影线。

笔刷：着墨 – 工作室笔

05 整体用白色添加高光。

笔刷：着墨 – 工作室笔
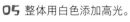

6.1.4 迷你代步车

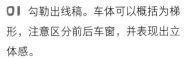

01 勾勒出线稿。车体可以概括为梯形，注意区分前后车窗，并表现出立体感。

笔刷：着墨 - 干油墨

02 选择红色调作为主色调，搭配蓝、黑色。建立色卡，分图层进行基本色平涂。

笔刷：书法 - 单线

03 打开所有图层的"阿尔法锁定"功能，喷绘出明暗变化和肌理效果。红色部分的暗部颜色可以适当深一些。

笔刷：材质 - 杂色画笔

04 新建图层，设置为"正片叠底"混合模式，绘制出阴影部分。同时绘制出轮胎内部的装饰，并表现出玻璃的光感。

笔刷：着墨 - 工作室笔

05 整体添加高光，利用白色线条在车门上进行装饰，添加细节，让画面更加丰富。

笔刷：着墨 - 工作室笔

小贴士

车门上的白色装饰条纹要置于阴影图层下方，这样条纹会与车门形成统一的明暗关系。

6.2 建筑

人们居住的房屋有多种样式：单层的，双层的，多层的；有尖尖的屋顶，也有梯形的屋顶；窗子也有各种样式。下面讲解一下如何绘制不同的小房子。

6.2.1 双层小楼房

01 勾勒出线稿，用大小不同的长方形与梯形概括出整个楼房，再添加门窗。在周边添加一些灌木，以丰富画面。
笔刷： 着墨－干油墨

02 选择绿色调作为主色调，点缀红色，以丰富画面色彩。建立色卡，分图层进行基本色平涂。
笔刷： 书法－单线

03 打开所有图层的"阿尔法锁定"功能，喷绘出明暗变化和肌理效果。灌木、石子路也要进行明暗处理。
笔刷： 材质－杂色画笔

04 新建图层，设置为"正片叠底"混合模式，绘制出阴影部分。注意房体要整体添加阴影，并勾勒出灌木的叶脉。

笔刷： 着墨 - 工作室笔

05 整体添加高光。在窗帘、屋顶、墙壁上绘制一些纹路，这样画面会更加丰富，有疏密变化。

笔刷： 着墨 - 工作室笔

6.2.2 红顶欧式小房子

01 勾勒出线稿。利用三角形与长方形组成房子的主体，注意房子各个部分的遮挡关系，并添加环境元素。

笔刷： 着墨 – 干油墨

02 选择红色与米灰色作为主体色彩，建立色卡，分图层进行基本色平涂。

笔刷： 书法 – 单线

03 打开所有图层的"阿尔法锁定"功能，喷绘出明暗变化和肌理效果。注意光源的角度。

笔刷： 材质 – 杂色画笔

04 新建图层，设置为"正片叠底"混合模式，绘制出阴影部分。同时绘制出灌木的纹理。

笔刷： 着墨 - 工作室笔

05 整体添加高光。在窗帘、屋顶、墙壁上绘制一些纹路，这样画面会更加丰富，有疏密变化。

笔刷： 着墨 - 工作室笔

6.2.3 直筒小楼

01 勾勒出直筒小楼的线稿，利用线的疏密变化来丰富画面，如两侧砖墙的条纹线、烟囱的砖墙纹。楼房层数高，可以补充一些小树，来丰富画面。

笔刷: 着墨 - 干油墨

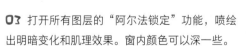

02 选择较为柔和的中性色——棕灰色调作为主色调，建立色卡，分图层进行基本色平涂。

笔刷: 书法 - 单线

03 打开所有图层的"阿尔法锁定"功能，喷绘出明暗变化和肌理效果。窗内颜色可以深一些。

笔刷: 材质 - 杂色画笔

04 新建图层，设置为"正片叠底"混合模式，绘制出阴影部分。为房子整体添加阴影，树上可以添加短线，以体现树的质感。

笔刷：着墨－工作室笔

05 整体添加高光。墙壁上可以局部添加一些砖的纹样，以增强画面的层次感。门的两侧可以用白色或淡蓝色画出纹样，完善细节。

笔刷：着墨－工作室笔

6.2.4 房屋与植物组合

可以将之前学习过的树和灌木元素与小房子元素进行组合，完成插画的绘制。不同的组合会呈现不同的效果，在组合的时候要注意主次关系和位置布局问题。植物不宜过大，最好在房子的两侧，作为陪衬，可以重复利用，但要有大小变化。

房屋与松树组合时，松树可以反复利用，并调整大小。注意松树之间会产生遮挡关系，两侧松树要有高低变化，这样会更加自然。

因为表现的是冬天，可以添加一些雪花，在背景上添加圆形底色，并添加简单的肌理渐变效果。

在蓝色背景上直接用笔刷绘制出雪花，注意要有大小变化与交错关系，屋顶、窗台等位置可以用白色直接添加积雪，营造冬天的氛围。

第7章
插画元素：百变人物

插画艺术构成中的人物元素至关重要，但也是相对来说较难的部分，画人物的时候要注意人体的结构、比例、透视关系、动态等问题。想画出生动、形象的人物，还要注意五官的变化与整体造型的设计。

7.1 学画人物头部

人物头部可以先概括成椭圆形，然后在椭圆形上画出辅助线——十字交叉线，耳朵大概在横向中线的位置。在下半部分 1/2 处画辅助线，进行面部轮廓的调整。

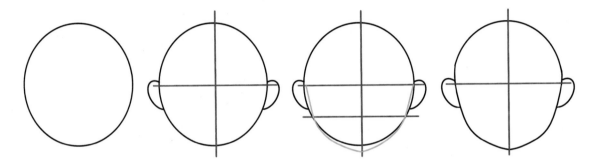

在头部画出纵向中线，同时将其三等分，第一条辅助线所在的位置是眉毛的位置，第二条辅助线位于眼睛的下眼睑位置，第三部分中心位置是嘴巴的位置，鼻子大概在第二条辅助线与纵向中线的相交处。绘制头发的时候注意头发相比头部基本形要宽出一部分，因为人的头发是有厚度的。最后添加瞳孔、睫毛、头发的走向线条，以及耳朵内部的结构线条，简单的人物头部就绘制好了。

面部下半部分的轮廓可以改变，形成不同的脸形，如婴儿胖乎乎的脸、成熟一点的尖脸、男性化的方脸、可爱的圆脸等。

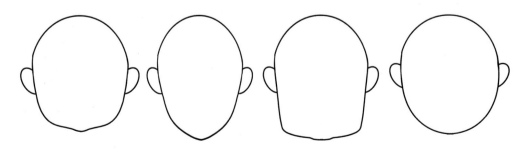

五官与发型产生变化，人物的性格会随之变化。眉毛可以有高有低，有粗有细，有平有弯；鼻子可以有长有短，有大有小；眼睛间距可以调整，上下位置可以调整，形状可以改变；发型也可以改变，如直发、卷发、齐刘海、偏分、长发、短发等。发型一般会根据年龄、性格、性别等进行调整。

7.2 半身人物创作案例

7.2.1 扎麻花辫的小姑娘

01 勾勒出线稿。绘制线稿时要注意发丝的走向，有弧度的辫子会让人物形象更加生动。再添加一些细节，如发卡、兔耳朵等，以丰富画面元素。

笔刷： 着墨－干油墨

02 选择干净、柔和的色调作为主色调，分图层进行基本色填涂。

笔刷： 书法－单线

03 喷绘出明暗变化和肌理效果。裙子左侧可以有一些暖色的过渡效果，同时绘制出红脸蛋。

笔刷： 材质－杂色画笔

04 新建图层，设置为"正片叠底"混合模式，绘制出阴影部分，并绘制出麻花辫的细节线，注意线条的走向。添加服装上的车缝线，以丰富画面。

笔刷： 着墨－工作室笔

05 整体添加高光。头发上的高光可以利用发色同色系的浅色绘制，这样效果会更加自然。裙子上可以加一些波点线条，以丰富画面。

笔刷： 着墨－工作室笔

01 勾勒出线稿。头发尾端向内卷曲，让发型有所变化，这样会更加生动。添加发带可以体现人物的特点。

笔刷： 着墨－干油墨

02 选择温暖的黄色与红色作为主色调，分图层进行基本色填涂，注意裙子翻折的部分要用深浅不同的颜色进行区分。

笔刷： 书法－单线

03 喷绘出明暗变化和肌理效果。注意表现出眼部色彩的渐变效果，靠眼球部分颜色较深。

笔刷： 材质－杂色画笔

04 新建图层，设置为"正片叠底"混合模式，绘制出阴影部分。添加头发的层次与走向线。在裙子上添加裙褶线，注意不要太多，背光面阴影的面积可以大一些，形状可以规整一些。

笔刷： 着墨－工作室笔

05 整体添加高光。在头发局部画出白色高光，眼球上可以添加高光亮点，这样眼睛会更有神采。发带上可以添加波点效果，以丰富细节。

笔刷： 着墨－工作室笔

7.2.3 扎马尾辫的小姑娘

01 勾勒出线稿。添加一些配饰，以丰富画面。

笔刷：着墨 - 干油墨

02 选择主体色彩，分图层进行基本色填涂。画面整体偏冷色调，需要点缀一些暖色，以调和整体色彩。

笔刷：书法 - 单线

03 喷绘出明暗变化和肌理效果。绿色的头发上可以添加一些黄色调，以丰富色彩。

笔刷：材质 - 杂色画笔

04 新建图层，设置为"正片叠底"混合模式，绘制出阴影部分。上衣的阴影部分要根据外形进行添加。可以利用长短不一的线条来表现头发的走向，丰富头发的层次。

笔刷：着墨 - 工作室笔

05 整体添加高光。在衣服上绘制出白色条纹，让整体更明亮。发饰上可以添加一些纹样，以增加画面细节。

笔刷：着墨 - 工作室笔

7.2.4 穿黄裙子的小姑娘

O1 勾勒出线稿。绘制侧面人物时要注意头发与脖子的衔接方式，丸子头要注意画出发髻的走向线。
笔刷：着墨 – 干油墨

O2 选择橙黄色调作为主色调，分图层进行基本色填涂。
笔刷：书法 – 单线

O3 喷绘出明暗变化和肌理效果。在丝带边缘喷绘淡黄色作为环境色。
笔刷：材质 – 杂色画笔

O4 新建图层，设置为"正片叠底"混合模式，绘制出阴影部分。注意裙子褶皱的画法，发丝要按照线稿绘制出整体走向，注意线条要长短结合，避免死板。
笔刷：着墨 – 工作室笔

O5 整体添加高光。眼睛上的高光可以结合点、线来绘制，这样眼睛会更有神。服装上可以添加波点效果，以丰富画面。
笔刷：着墨 – 工作室笔

7.3 人物身体结构及动态

人物身体结构比例以一个头的大小为单位，一般可以分为儿童期、少年期、青少年期和成年期 4 个阶段，儿童期一般为 2 ~ 2.5 头身，少年期一般是 3 ~ 4 头身，青少年期一般是 5 头身，成年期一般是 6 ~ 7.5 头身，个别情况为 8 ~ 9 头身。

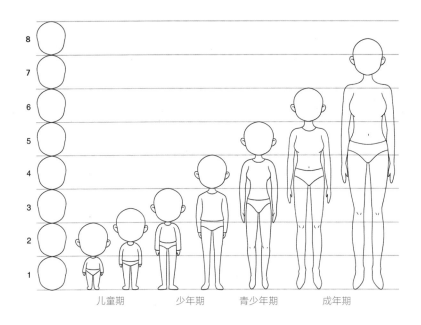

这里以 2.5 头身为例进行儿童期人物线稿的绘制。首先需要确定头部的位置，用直线代表躯干、大臂、小臂、胯部、大腿及小腿，点代表关节，在此基础上为基本架构加上双线，可以理解为给骨头包上肉，对各个部分进行连接并添加手和脚。接下来可以降低这一部分线稿图层的不透明度，新建图层，绘制服装，进行轮廓线的描画，构成基本的人体结构。然后按照之前学习的内容绘制并完善头部，并添加一些服装的细节，完成线稿的绘制。

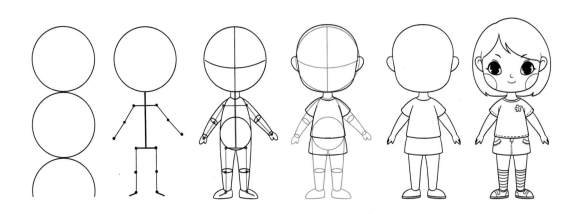

下图所示为不同动态的绘制过程。不同的造型可以形成不同的人物动态，让人物的动态丰富起来。

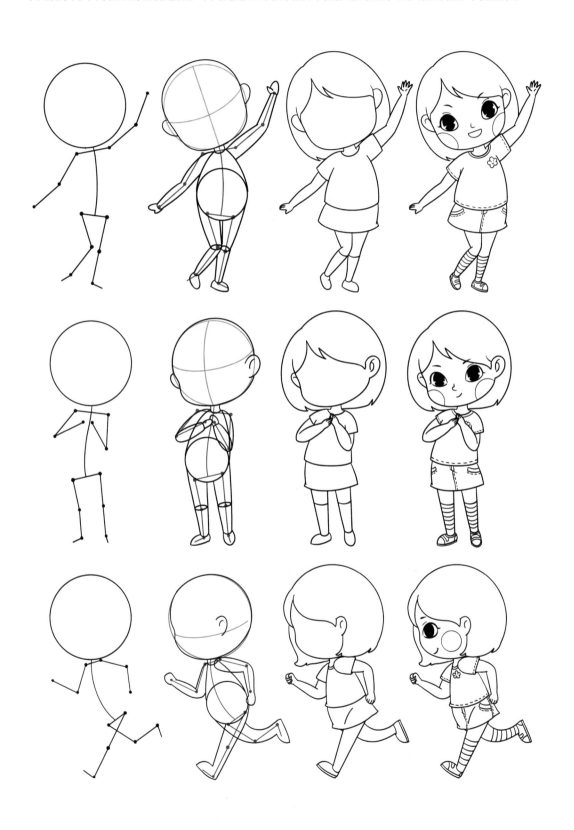

7.4 全身人物绘制

7.4.1 斜背挎包的小姑娘

01 用"单线"笔刷勾勒出线稿，眼睛部分可以使用"工作室笔"笔刷调整细节，如加粗上眼睑、添加睫毛等。

笔刷：书法 – 单线、着墨 – 工作室笔

02 添加一些小道具，如发卡、包包等，让人物更饱满。

笔刷：书法 – 单线

03 填涂基本色，将整体背景调为灰色，这样白色部分会凸显出来，包包可以用浅灰色绘制，设置为"正片叠底"混合模式，透出被遮挡的部分。

笔刷：着墨 – 工作室笔

04 进行渐变色渲染。白色衣服右侧可以用浅灰色添加渐变效果。包包右侧可以用灰蓝色进行颜色的过渡。

笔刷：材质 – 杂色画笔

05 新建图层，设置为"正片叠底"混合模式。绘制出阴影部分。要根据头发的走向添加线条。

笔刷： 着墨 – 工作室笔

06 整体添加高光，包包和星星的高光可以用点来画，以表现出包包的通透感和星星亮闪闪的感觉。

笔刷： 着墨 – 工作室笔

07 打开所有线稿图层的"阿尔法锁定"功能，用"超细喷嘴"笔刷进行色彩渲染，可以根据不同部分的色彩进行局部渲染。例如，头发可以用发色较深处的颜色来渲染，牛仔裙的线稿可以用牛仔裙的蓝色进行渲染，这样整体看上去会更加柔和、统一。

笔刷： 喷漆 – 超细喷嘴

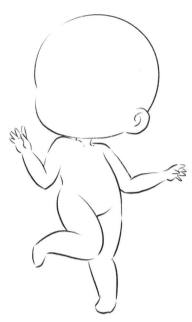

01 勾勒出人物的大体轮廓，注意身体各个部
分的衔接方式。

笔刷： 着墨 – 干油墨

02 根据结构添加头发、五官及服装等内容，
绘制出人物的草图。

笔刷： 着墨 – 干油墨

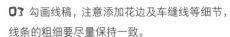

03 勾画线稿，注意添加花边及车缝线等细节，
线条的粗细要尽量保持一致。

笔刷： 着墨 – 工作室笔

04 铺底色，注意不同的颜色要分图层绘制，便于后期处理。

笔刷： 着墨 - 工作室笔

05 添加渐变效果与阴影，打开色彩图层的"阿尔法锁定"功能，确定好光源的位置，用"杂色画笔"笔刷进行喷绘，绿色的头发可以适当融入淡黄色。头顶的阴影面积不要太散，尽量规整一些，绘制出一些阴影线条，注意要根据身体的动态走向添加阴影。

笔刷： 着墨 - 工作室笔、材质 - 杂色画笔

06 添加高光，裙子上可以添加一些纹理进行装饰，打开线稿图层的"阿尔法锁定"功能，调整颜色，让整体画面更加柔和。

笔刷： 着墨 - 工作室笔

7.4.3 穿粉色上衣的小男生

01 勾勒出人物的大体轮廓，注意侧身手臂的位置，坐姿状态下注意腿部的长短要一致。

笔刷： 着墨 – 干油墨

02 根据人物动态结构完善头部并添加服装，绘制出人物的草图。

笔刷： 着墨 – 干油墨

03 勾画线稿，男生的卷发要分区域进行描绘。

笔刷： 着墨 – 工作室笔

04 整体分图层进行底色填涂。

笔刷：着墨－工作室笔

05 利用"杂色画笔"笔刷添加渐变效果，新
建图层，调整为"正片叠底"混合模式，用"工
作室笔"笔刷添加阴影，眼白部分用灰色添加
阴影。

笔刷：着墨－工作室笔、材质－杂色画笔

06 添加高光，眼睛上的高光可以多点一些，
这样眼睛会更有神。打开线稿图层的"阿尔法
锁定"功能，调整线稿的颜色，完成绘制。

笔刷：着墨－工作室笔

7.4.4 系蝴蝶结发带的小姑娘

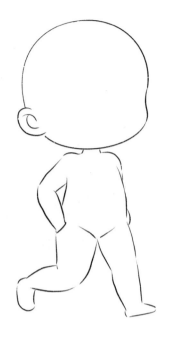

01 勾勒出人物的大体轮廓，注意抬腿时大小腿的比例。

笔刷： 着墨 - 干油墨

02 根据人物动态结构添加头发、五官、服装等内容，完成草图的绘制。

笔刷： 着墨 - 干油墨

03 勾画线稿，注意线条要闭合，并添加衣服上的细节。

笔刷： 着墨 - 工作室笔

04 选择棕灰色调作为主色调，调和黄色和红
色，进行底色填涂。

笔刷： 着墨 – 工作室笔

05 打开图层的"阿尔法锁定"功能，用"杂
色画笔"笔刷添加渐变效果。新建图层，设置
为"正片叠底"混合模式，绘制阴影。头发部
分要根据线条的走向绘制阴影。

笔刷： 着墨 – 工作室笔、材质 – 杂色画笔

06 改变描边的颜色，添加高光，发带上可
以添加波点装饰，衣服上可以添加小图案进
行丰富，打开线稿图层的"阿尔法锁定"功能，
喷绘色彩，柔和画面。

笔刷： 着墨 – 工作室笔

支持与服务

本书由"数艺设"出品，"数艺设"社区平台（www.shuyishe.com）为您提供后续服务。

配套资源

① 1 套 Procreate 笔刷
② 1 套电子色卡

资源获取请扫码

提示：微信扫描二维码关注公众号后，输入 51 页左下角的数字，
得到资源获取帮助。

| "数艺设"社区平台 | 为艺术设计从业者提供专业的教育产品。 |

与我们联系

我们的联系邮箱是 szys@ptpress.com.cn。如果您对本书有任何疑问或建议，请您发邮件给我们，并请在邮件标题中注明本书书名及 ISBN，以便我们更高效地做出反馈。

如果您有兴趣出版图书、录制教学课程，或者参与技术审校等工作，可以发邮件给我们。如果学校、培训机构或企业想批量购买本书或"数艺设"出版的其他图书，也可以发邮件联系我们。

关于"数艺设"

人民邮电出版社有限公司旗下品牌"数艺设"，专注于专业艺术设计类图书出版，为艺术设计从业者提供专业的图书、视频电子书、课程等教育产品。出版领域涉及平面、三维、影视、摄影与后期等数字艺术门类，字体设计、品牌设计、色彩设计等设计理论与应用门类，UI 设计、电商设计、新媒体设计、游戏设计、交互设计、原型设计等互联网设计门类，环艺设计手绘、插画设计手绘、工业设计手绘等设计手绘门类。更多服务请访问"数艺设"社区平台 www.shuyishe.com。我们将提供及时、准确、专业的学习服务。